室内设计师.**63**
INTERIOR DESIGNER

编委会主任 崔愷
编委会副主任 胡永旭

学术顾问 周家斌

编委会委员
王明贤　王琼　王澍　叶铮　吕品晶　刘家琨　吴长福
余平　沈立东　沈雷　汤桦　张雷　孟建民　陈耀光　郑曙旸
姜峰　赵毓玲　钱强　高超一　崔华峰　登琨艳　谢江

海外编委
方海　方振宁　陆宇星　周静敏　黄晓江

主编 徐纺
艺术顾问 陈飞波

责任编辑 徐明怡　郑紫嫣
美术编辑 陈瑶

图书在版编目 (CIP) 数据

室内设计师 . 63, 酒店 /《室内设计师》编委会编
著 . -- 北京 : 中国建筑工业出版社，2017.6
　ISBN 978-7-112-20812-8

Ⅰ. ①室… Ⅱ. ①室… Ⅲ. ①室内装饰设计—丛刊
Ⅳ. ① TU238-55

中国版本图书馆 CIP 数据核字 (2017) 第 115240 号

室内设计师　63
酒店
《室内设计师》编委会　编
电子邮箱 : ider2006@qq.com
微信公众号 : Interior_Designers

中国建筑工业出版社出版、发行（北京海淀三里河路 9 号）
各地新华书店、建筑书店 经销
上海雅昌艺术印刷有限公司 制版、印刷

开本：965 × 1270 毫米 · 1/16　印张：13½　字数：540 千字
2017 年 6 月第一版　2017 年 6 月第一次印刷
定价：60.00 元
ISBN 978-7-112-20812-8
　　　（30474）
版权所有　翻印必究
如有印装质量问题，可寄本社退换
（邮政编码 100037）

CONTENTS

目录

上海摩登

撰　文　｜　王受之

在中文中，翻译自"modern"的术语"摩登"是一种特别的语境，基本界定了抗战以前的上海商业文化，这个"摩登"是特别界定的：是 20 世纪 20 至 30 年代的现代生活方式，自然也包括邬达克和那些现代建筑、住宅区，还有就是生活在那里的人、他们的活动、他们的创作。因为行走香港和上海之间的频率很高，我感觉抗战前的上海、当代的香港，在都市化方面有许许多多相似的地方，但是结果却不同，上海在 20 世纪 20 至 30 年代的现代化刺激了文学、艺术、建筑的巨大飞跃，成为中国最先进的文化中心之一，而香港经济最为发达的 1970~2000 年之间，这个香港的"现代"却没有导致文学、艺术的发展，即便建筑，也只能用平庸而论，唯有大众文化有巨大的发展，比如香港电影、电视剧的发达。为什么上海"摩登"早就有精英和大众文化类型，而香港的"modern"却只造就了大众文化，却没有精英化呢？都是国际大都会，也都人才聚集，结果却很不一样，这里有许多的问题，但是不容易梳理清楚。

大概 1995 年前后，有一次我去加州大学洛杉矶校区（UCLA）听李欧梵教授关于"上海摩登"的课，他是著名教授，英文称他"Professor Leo Ou-fan Lee"，那一次他是用英语讲课，研究生为主，但是除 UCLA 之外，不

少对上海感兴趣的美国知识分子也来旁听，我自己感觉收获很大。我虽然去上海很多次，在上海熟人也多，但那是第一次听学者把上海和中国都市文化放在一个专题中讲，并且是一种横向的演绎，颇有收获。之后不久就看到他的英文版著作《上海摩登》（Shanghai Modern: The Flowering of a New Urban Culture in China, 1930-1945.1999, Harvard University Press, ISBN:978-0674805518）出版，2006 年就有中文版了——《上海摩登：一种新都市文化在中国 1930-1945》（增订版，2006 年，香港：牛津出版社）。

李欧梵毕业于台湾大学外文系，是美国哈佛大学博士。毕业后在芝加哥大学、印第安纳大学、UCLA、哈佛大学担任中国文学教授，研究领域包括现代文学及文化研究、现代小说和中国电影。在台湾大学的时候师承夏济安、与夏志清的关系极为密切，在哈佛大学，受教于普实克（Jaroslav Průšek，1906~1980），一人兼得欧美现代中国文学研究三大巨擘的真传，李欧梵所代表的文学意义不在话下。哈佛大学的中国学研究、汉学研究名家辈出，费正清（John King Fairbank）、史华慈（Benjamin Schwartz)、孔飞力（Alden Kuhn）、柯文（Paul Cohen）都是汉学大家，而哲学上的杜维明、文学方面的宇文

安所（Stephen Owen）、韩南（Patrick Hanan）、王德威（David Der-wei Wang）和李欧梵都是重要的研究家、教授。

那一次的课程，对我来说，是开启了看上海大都会的一个新的方向，我自己是从事设计史论研究的，更多关注建筑、室内、产品、平面设计、景观设计和时尚。而李欧梵也从文化推广到这些方面，则视为令我很容易接受的研究方向。我后来看王德威的文字，他是这样评价《上海摩登》的："李欧梵重新绘画了上海的文化地理，刻画了 20 世纪 30 年代上海市与租界的微妙关系。此书史实超卓，文辞优美，真的令人钦佩；此书也预示着新世纪的一种新文化批评风格。"李欧梵著作的重要性就是他有自己强大的理论支持，又有新颖的研究方法、与众不同的看问题的视角，这些都是我非常喜欢的。

我反过来了解李欧梵研究上海摩登的历次，也颇有教育意义。1979 年左右，李欧梵对现代性还没有深入的研究，他在夏志清教授的指导下开始接触到施蛰存的作品和《现代》杂志。至此，作者开始了对现代性问题较为全面的研究和探讨，并得出一个结论——现代性显然是与都市文化有关的。那么，在现代性进入中国的时候，在 20 世纪 30 年代，在中国真正意义上能称之为大都

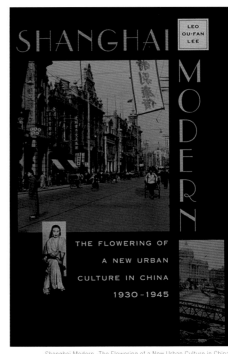

Shanghai Modern : The Flowering of a New Urban Culture in China

市的，只有上海。这个理论前提，把上海放在了唯一性的地位上，对于以后的研究创造了一个基础，可以摆脱中国当时各种纷乱的社会主题，而比较标本式地针对上海大都会进行剖析。

当时的李欧梵，不满于大陆对都市文化的乡土型研究。加之当时的西方文学界正重视描写城市，在欧风美雨的熏陶下，李欧梵自然崇尚陶醉于都市生活的体验和描写。选择上海作为自己都市文化研究的城市客体，李欧梵有自己的见解，此外，作者当时在哈佛接受的是关于中国思想史的学习，那个时候刚刚有卡尔·肖施克（Carl E. Schorske）用同样的方法来写19世纪之末维也纳的著作《世纪末的维也纳》(Fin-De-Siecle Vienna: Politics and Culture, Vintage, 1980) 给他很大的启发，这些都开启了作者研究关于上海文学创作的念头，可以说，李欧梵选择上海绝非偶然。

在《上海摩登》这本书中，李欧梵通过大量的图片和数据、资料杂志小报以及施蛰存先生的回忆，给我们再现了20世纪30年代上海的风姿。作者对上海的重绘，更多的是重构上海的文学想象。在《上海摩登》的第一部分中，作者向我们介绍了外滩建筑、百货公司、咖啡厅、舞厅、公园和跑马场等场所，在这些新的公共空间基础上，重绘了

一张上海的文化地图，增强了研究的说服力和真实性。此外，还添加了《现代杂志 x 良友》和月份牌等新的文化传媒，以印刷文化作为一个突破点考察上海的文化，印刷对作家收益、文学创作、文学宣传以及市民接受阶层的壮大，有着不可忽视的深远影响，他们都是见证上海都市文化最好的证据，可以观察出古老中国"东方明珠"的现代性过程。那么，在城市现代性进入市民生活时，必然会培养人们对文学艺术的特殊体认。和印刷文化齐头并进的是另一种新的视听媒介——电影院。"如果出版文化在这个试听的适应过程中扮演了至关重要的角色，那么，这个可视媒介的流行迅速导致了一个逆反过程——视听进入了书写，电影成了小说技巧的主要源泉。" 在这里他做了很好的铺垫，并在后面成功地介绍擅长以电影手法创作小说的作家们——刘呐鸥和穆时英，他们都是都市生活的弄潮儿。

我对上海的认识，主要是建筑和设计方面，因此切入点多是建筑师、建筑事务所，这是常规的做法，但是李欧梵的研究方法 给我很大的启示，对一个大都会的研究，是可以从其他角度来切入的。

写一个时代，选择什么代表人物，是一种方法的选择。写都市上海，我看多半人选

择了房地产大亨、红白两道的首领，这种选择基本没有办法真正看到都市文化的层面，从而研究也就浮在资金、权力的表皮上了，李欧梵从肖施克那里看到的方法，是从文化层选择代表人物，从他们切入，而看到都市文化的实质。在考证了都市文化背景后，他选取了六位"都市现代派"作家——施蛰存、刘呐鸥、穆时英、叶灵凤、邵洵美和张爱玲。他对每位作家的分析和作品的解读，构成了都市和文化的对举。这也正迎合了《上海摩登》这本书的副标题——一种都市文化在中国。刘呐鸥和穆时英，对他们来说都市是他们文学创作依存的世界、他们创作的资源地，他们在都市里创作，也用一种新的实验技巧表达他们对都市的情感。

李欧梵那一次的研究让我有点意外，主要是他采用了与我们习惯看上海文化完全不同的方式和角度。我们当时提到上海的文化，肯定首先想到的是鲁迅、茅盾、巴金、郁达夫、徐志摩这批人，而李欧梵的选择则完全不同，施蛰存、刘呐鸥、穆时英、叶灵凤、邵洵美、张爱玲六个人，这种选择角度当时让我很惊。

他选择的第一个人是施蛰存（1905~2003）20世纪30年代在上海开始文学活动和创作。1926年转入震旦大学法文特别班，与同学戴望舒、刘呐鸥等创办《璎珞》

《璎珞》第一期

句刊。1928 年后任上海第一线书店和水沫书店编辑，参加《无轨列车》、《新文艺》杂志的编辑工作；1929 年，施蛰存在中国第一次运用心理分析创作小说《鸠摩罗什》、《将军底头》，使其成为中国现代小说的奠基人之一。1930 年他主编的《现代》杂志，引进现代主义思潮，推崇现代意识的文学创作，在当时影响广泛；1932 年起主编大型文学月刊《现代》，成为专业文艺工作者；1935 年应上海杂志公司之聘，与阿英合编《中国文学珍本丛书》。

和施蛰存一起创办《璎珞》句刊的刘呐鸥从小生长在日本，毕业于庆应大学文科，精通日语、英语。回国后，又在上海震旦大学法文特别班攻读法文，与杜衡、戴望舒、施蛰存是同学；倾向进步，于 1928 年创办第一线书店，被查封后，又经营水沫书店；出版过《马克思主义文艺论丛》等进步书刊，创办《无轨列车》半月刊，发表文学作品，后被国民党当局查封；其后，又创办《现代电影》杂志；"一·二八事变"中水沫书店被毁，后又赴日本。抗日战争爆发后回国，被黄金荣、杜月笙的帮会暗杀，原因是争夺赌场与流氓有矛盾。

李欧梵选择的第三个人是穆时英（1912~1940），也是当时非常活跃的一个都市小说家，1929 年开始小说创作，翌年（1930 年）发表小说《咱们的世界》、《黑旋风》；1932 年出版小说集《南北极》，反映上流社会和下层社会的两极对立；1933 年出版小说集《公墓》，转而描写光怪陆离的都市生活，后又出版《白金的女体塑像》、《圣处女的感情》等；1933 年前后参加国民党图书杂志审查委员会；抗日战争爆发后赴香港，1939 年回沪，主办《中华日报》副刊《文艺周刊》和《华风》，并主编《国民新闻》，后被国民党特工人员暗杀。穆时英和刘呐鸥、施蛰存同时代表了当时中国文学运动中的"新感觉派"。

第四个被选的人物是叶灵凤（1905~1975），我知道在鲁迅的杂文中，叶灵凤被骂得狗血淋头，这个人毕生主要生活在两个洋场，解放前的上海和 20 世纪 30 年代后的香港。他毕业于上海美专。1925 年加入创造社，早年主要的作品是小说，重性心理分析，和穆时英等的新感觉派小说可划为一类。20 世纪 20 年代末，叶灵凤严重得罪鲁迅，是因为他在自著小说《穷愁的自传》写有这么一段："照着老例，起身后我便将十二枚铜元从旧货摊上买来的一册《呐喊》

撕下三面到露台上去大便。"如此刻薄，激起鲁迅狂怒，在好几篇杂文中对他痛下辣手，甚至连叶灵凤模仿比亚斯莱（Aubrey Vincent Beardsley）风格的装饰画和插画也斥之为"生吞活剥"，并封了个"新的流氓画家"的尊号给他。其实我看叶灵凤那些装饰画实在画得很不错。

第五个叫做邵洵美（1906~1968），上海人，是个富二代的俊男，新月派诗人、散文家、出版家、翻译家。1923 年初毕业于上海南洋路矿学校，同年东赴欧洲留学。入英国剑桥大学攻读英国文学。1927 年回国，与盛佩玉结婚，是盛宣怀之孙女。他还曾与美国女作家项美丽（Emily Hahn）同居。他在 1928 年开办金屋书店，并出版《金屋月刊》。1930 年 11 月"国际笔会中国分会"成立，当选为理事，并任会计，1933 年编辑《十日谈》杂志，并发表第一篇小说名为《贵族区》。1934 年编辑《人言》杂志。1936 年 3 月至 1937 年 8 月主持《论语》半月刊编务。晚年从事外国文学翻译工作，译有马克·吐温、雪莱、泰戈尔等人的作品。其诗集有《天堂与五月》、《花一般的罪恶》。邵洵美是个有贵族气质的诗人，山河动乱，他却一味吟风弄月，追求"唯美"，不太和谐。但他为人慷慨，有"小孟尝"之美称；他的"慷慨"

1955 年的夏济安（右）、夏志清（左）

使其家里的经济状况日渐紧张，这点盛佩玉女士在《盛氏家族·邵洵美与我》一书中有所提及。他在出版事业上颇有成就，解放后，邵洵美埋头于翻译工作，译作有拜伦的《青铜时代》、雪莱的《解放了的普罗米修士》、泰戈尔的《两姐妹》等，他是翻译界公认的一流翻译家。不幸的是，从"反右"到"文革"，他先是被逮捕审查，被释放后挨斗受批判，死时窘迫连身新衣服都没有。

李欧梵选择的第六个文学人物，就是出生在上海的才女张爱玲（1920~1995）。张出生名门，受到了极好的教育。上海沦陷时期，陆续发表《沉香屑·第一炉香》《倾城之恋》《心经》《金锁记》等中、短篇小说，震动上海文坛。1952 年张爱玲以完成学业为名离开中国大陆，其后赴美。在美国期间翻译了清代的吴语小说《海上花列传》，又写了文学评论《红楼梦魇》。张爱玲一生见证了中国近现代史，漂泊于上海、香港、天津、美国各地，最后在美国定居，并于 1960 年取得美国国籍。

我把这几个人和我从正宗文学史中认识以鲁迅为首的那些文学家做了对比，在我来看，这六个人更加能够和物质的上海接地气。他们热爱上海的生活，沉醉于生活的精致，讲究生活的品质，他们都没有我提到的

那几位那么愤世嫉俗、期待革命。要研究一个城市的变化、一个都市的现代化，不从物质角度来又怎么行呢？这一点正是我会在后来继续去 UCLA 听李欧梵的讲座的动力。

我看了几篇李欧梵的《上海摩登》推介的文章，都非常推崇他的研究方法。而这六个人的选择，是李欧梵的方法。他用跨学科的综合研究方法，从历史的角度进入文学研究的话题，重绘了 20 世纪 30 年代的上海，再现其摩登神韵。作者用史学家的视角来观察和还原这座城市，建筑、人物、历史和风物等，用大量的考察和史料支持，将上海的都市文化面纱撩开，从真实的细节中品察这个城市的现代性。在《上海摩登》的第一部分中，四章内容都是在详细地介绍上海物质方面现代性的过程，例如，在分析"上海"和"现代"的关系时，作者从史学的角度分析历史上鸦片战争对上海这座城市的影响，随即出现了"初则惊，继则异，再继则美，后继则效"的西方现代文明的接受和传播，这是上海物质文明方面的现代性表现。

其次，李欧梵在研究上海都市文化时，为了还原一个真实的上海，选用大量的历史数据、历史资料，访问了多位老上海的见证人，历时十几年，多次走访上海并拜访了施蛰存先生，在一些史料方面未达到准确，会

多次确认。例如，在第一张"重放上海"的章节里，作者找到一份关于舞女的月收入统计表。其中详细地统计了舞女一个月的详尽的生活花销，甚至在舞女最大支出中的"服饰"花销中，作者更是详细地列出了春装的 16 项具体支出情况，这些统计表均取自 1934 年 2 月和 9 月的《时代漫画》。这些都体现了李欧梵严谨的治学态度和对史料准确性的把握。

李欧梵长期在哈佛大学接受教育，一人兼得夏济安、夏志清、普实克三大巨擘的真传，夏志安（1916~1965）是夏志清的兄长，英语专业背景，曾任教西南联大、北京大学外语系和香港新亚书院。1950 年来台后任教于台湾大学外文系，为早期小说作家白先勇、欧阳子、王文兴、陈若曦、叶维廉等人的启蒙老师，1956 年与吴鲁芹、刘守宜等创办《文学杂志》并兼任主编，他们兄弟两个对当代文学的贡献十分深远。夏志清 1959 年赴美，在西雅图华盛顿大学、加州柏克莱大学作研究，主要工作是研究中国共产党党史。1965 年 2 月 23 日因脑溢血病逝美国奥克兰，他的英文著作有《Gate of Darkness》，这是一本 1949 年以前"左派"文人的评论集，他给李欧梵的影响以批判性为主。

夏志清（1921~2013）是上海人，中国文学评论家，教授。1942 年自沪江大学英文系毕业，阅读了大量中国文学名著。1946 年 9 月随长兄夏济安至北京大学担任助教，醉心于西欧古典文学，因研究威廉·布莱克档案（William Blake Archive）论文脱颖而出，取得留美奖学金至耶鲁大学攻读英文硕士、博士。在纽约州立学院任教时，获得洛克菲勒基金会（又称洛氏基金会）赞助，完成《中国现代小说史》一书，也奠定他学者评论家的地位。1961 年到纽约哥伦比亚大学任教，几年后接任翻译家王际真（Chi-Chen Wang，1899~2001）之教席。《中国现代小说史》是一本中国现代小说批评的拓荒巨著，1961 年由耶鲁大学出版后，立即成为研究中国现代文学的热门书，也是欧美不少大学的教科书。由于当时正处于西方与中国大陆的冷战时代，资料取得有限，无法做到全面性的观照，因此历史感略嫌不足，但是在中国现代文学批评领域里，却具有开创性的地位，并且从中发掘了钱钟书与张爱玲、沈从文等作家。他对这三个人的评价，在 20 世纪 60 年代，是石破天惊的。夏甚至认为张爱玲的《金锁记》是"中国从古以来最伟大的中篇小说"，而钱钟书的《围城》是"中国近代文学中最有趣、最用心经营的小说，可能是最伟大的一部"。夏也相当欣赏白先勇的作品，在《白先勇论》一文中认为："《台北人》甚至可以说是部民国史，因为《梁父吟》中的主角在辛亥革命时就有一度显赫的历史。"他推崇白先勇兼采中国传统与西方小说技巧的优点，作为小说家，他具备悲天悯人的胸怀，艺术成就是无庸置疑的。

夏志清的研究对李欧梵来说有点石破惊天的作用。李欧梵幸运的是他同时遇到的第三个导师，则是与夏志清意见相左的一个学者——捷克著名汉学家雅罗斯拉夫·普实克（Jaroslav Prusek，1906~1980），普实克对夏志清 1961 年出版《中国现代小说史》中对鲁迅评价比较不同意，立刻写了书评《中国现代文学的根本问题和夏志清的〈中国现代小说史〉》，批评夏志清《中国现代小说史》的分析方法不够"科学"，文章指出其他所有现代作家都缺乏鲁迅之所以成为鲁迅的特点："寥寥数笔便刻画出鲜明的场景和揭示出中国社会根本问题的高超技艺。"夏撰文反驳，这两篇长文都刊在布拉格东方研究院的杂志《东方文学》（Archiv Orientalni）上，现在已经成为研究中国现代文学的必读之作。

我感觉一个人能够在三个完全不同的研究上看问题，比从同一个角度上看更加全面。夏济安研究共产主义发展的历史，普实克研究比较"正宗"的中国现代文学史，夏志清研究他自己的角度、更加集中在都市化角度的中国现代文学史，三者集中在李欧梵身上，就有《上海摩登》的出现。这一点是我那一次听课最震撼的地方。《上海摩登》的特别之处也在于，作者有强大的理论支撑，从历史的角度入手，将文学和文化联系起来，直接涉及到"现代性"的问题，modern，modernism，modernity 三个同根词的讨论，我是第一次从他那里听到的，而他更加关注的是 modernity。因在《上海摩登》这本著作中，最大的理论支撑就是关于现代性的问题，都市的现代性、现代性进入文本、文本反映了现代性等等。在第一部分中，都市文化的背景也就是上海物质文明的现代化；第二部分，现代文学的想象：作家和文本，展示了在 20 世纪 30 年代的都市作家们的笔下，都市的现代性是如何在文本中展现的。李欧梵在一篇文章中这样说"研究文化的生产便是以文本、作家作为主要元素，来探讨怎么可以与当时的文化环境整合起来。"在第一部分的第四章里，文本置换：书刊里返现的文学现代主义，书本杂志在揭示了上海现代文化的同时，也协助了都市的现代化进程。

2003 年 12 月在上海图书馆的"当代东亚城市：新的文化和意识形态"会议上，李欧梵谈到关于《上海摩登》的修订和补充，指出下面三个问题：1. 仍然扩充关于"老上海怀旧"的内容；2. 重点谈到上海和香港"双城"间的关系，在上一版《上海摩登》谈得不够充分，希望可以在再版中完善"双城"问题；3. 也是作者认为最重要的一个问题，即一些学者提出的 "只怀十里洋场的旧，对底层生活的艰辛却视而不见"，为什么只讲了上海浮华的一面，而没有讲穷人。这个命题是正确的，但是我不认为一个文学学者应该像一个历史家一样面面俱到，《上海摩登》对我自己来说是很有意义的。

最近几年我见到李欧梵先生都在香港的各种音乐会中，香港音乐评论家周光蓁先生和他很熟。每次去听音乐会遇到他，我们都会在音乐厅外面的走廊里聊聊天，我对他依然是很崇敬的。[END]

酒店

撰　文　┃ xmy

　　若干年前，酒店对中国的大众来说只是个过夜的场所，而如今，这一传统理念早已被颠覆，酒店已经成为都市生活缔造概念以及实践的重要渠道，它已经开始重塑着当地人的生活。

　　在这一领域的佼佼者当属酒店潮牌 Edition，精品酒店教父伊恩·施拉格在成功打造了伦敦、纽约和迈阿密店后，近期在中国开出了第一家分店——三亚 Edition。伊恩将 Edition 的目标受众概括为 "Modern Luxury"，他希望吸引的是现代社会的新贵，如知识分子或是社会精英——那些对新鲜的、活力的东西不排斥的群体，他还很好地通过细节把控了酒店的品牌风格。三亚分舵承袭这一原则，将都市享乐主义带到了海边，令人对三亚这一传统度假胜地有了全新的体验。在北京三里屯新建的 CHAO 酒店则又是这一领域的全新代表，它并不是个单纯的酒店或是艺术空间，以 "城市客厅" 为概念，在整个复合空间中包括了旅行、居住、艺文、工作、社交等多种品质生活体验，用过去少有的新形式为北京带来久违的新鲜感。

　　当然，大牌设计师依然是高端奢华酒店的最爱，在这个长长的御用名单里，Jean Michel Gathy、Tony Chi、Yabu Pushelberg、Peter Remedios、Jaya Ibrahim 等依然是最受追逐的，他们的设计往往成为整个酒店领域设计师的范本教材。此次，我们也选择了印尼巴厘岛的两家安缦酒店以及这些设计师在中国的最新作品，如 Jean Michel Gathy 的三亚柏悦酒店、Yabu Pushelberg 的杭州柏悦酒店以及 Jaya Ibrahim 的遗作——兰亭安缦。在这里，值得一提的是，安缦这个被誉为 "安缦汉化高定版" 的酒店品牌已陆续开出两家，即朱家角安缦与绍兴的兰亭安缦，这一主打 "古建筑体验" 的酒店独树一帜，为中国高端酒店业带来全新的业态。

　　在莫干山起家的裸心集团也于近日开出了他们在莫干山的第三家酒店——裸心堡，除了依然主打可持续、环保的理念外，这次裸心集团还将莫干山那颇带几分贵族气的历史风范与现代度假设施集于一体，在莫干山颠打造出一处欧式城堡。此次，我们也对裸心堡进行了全面的解读，而之后陆续要开放的裸心泊、裸心原也非常值得期待。

　　除了概念的革新、大牌设计师的新作这些热点外，中国酒店领域最近显著的特点与建筑师息息相关。在中国，以前建筑师很少涉足酒店领域，而在当今 "建筑师下乡" 的大风潮下，由建筑师操刀的民宿已成为酒店市场不可小觑的一股浪潮。此次，我们也选取了几个典型的样本，如齐云山的两组树屋、位于莫干山的七园居以及长兴的乡宿上泗安，与读者共同分享。END

CHAO 酒店
CHAO HOTEL

资料提供	gmp、chao
地　　点	北京
设　　计	曼哈德·冯·格康、施特凡·胥茨和施特凡·瑞沃勒
项目负责人	苏俊
设计人员	刘峣、肖闻达、杨莹、林达、丁乔、周一晗
结构设备	北京市建筑设计研究院
室内设计	花旗建筑设计事务所
照明设计	大观国际设计咨询有限公司
幕墙顾问	sup
设计委托	2012年
开业时间	2016年

2012 年 11 月，gmp 被委托对一栋高 80m 的酒店进行改造，地点位于北京市中心著名的三里屯区域。建于 1990 年的北京城市宾馆曾是改革开放后酒店建设大潮中的一座典型建筑，同时有着快速城市化的所有印记：简单的外观形式、省略的细部以及对周边城市环境的忽视。对于 gmp，这一改造任务并不是修缮一栋衰败的塔楼，而是帮助业主创造一座全新的酒店，既能表达一个独特的理念，同时也能在城市空间中呈现适宜的姿态。

酒店幕墙

基地周边环境以时尚酒吧、商业街和夜生活闻名。为了与繁忙杂乱的商业氛围形成对比，建筑师与业主在一开始就决定了新建筑的性格——坚韧、平静、永不过时。因此，新的立面幕墙被设计为有着极简风格的两层高 GRC 玻璃纤维预应力混凝土板。GRC 板与玻璃单元呈角度交接，如同中国的折扇，也令人想起原先城市宾馆的三角形平面。建筑幕墙形成了一层极富雕塑感的表皮，有着强烈的光影效果。同时，酒店客房的朝向得到调整，获得了最佳视野。新立面的材料与形式赋予了酒店一种质朴而细腻的整体形象，使之在色彩斑斓的都市风景中卓尔不群。

入口柱廊

塔楼立面的 GRC 板也延续到首层，作为入口门廊的支撑单元。这个基地作为酒店用途有着一大短板，即地段不临街，原始的入口过于隐蔽。横截面为三角形的板式柱子，依据各自位置轻微旋转了不同的角度，以此引导客人从喧嚣的街角走进深藏的酒店入口。10m 高的 GRC 板做成的柱廊在南院一侧包围过去，形成酒店与周边复杂邻里之间的一道屏障。

日光礼堂

除了外幕墙，gmp 也被委托设计了酒店的一些公共空间，例如多功能厅"日光礼堂"。任务要求这一空间承载的功能包括婚礼、演讲与活动等，并有着超越世俗的整体氛围。为了引入自然光，gmp 设计了拱形结构支撑的双层屋面——上层为玻璃，下层为百叶，"日光礼堂"的名字便来源于此。百叶层作为遮阳构件，柔化了自然光，吸收了噪音并遮挡了吊顶内的设备。混凝土色的拱形结构与原木色百叶的搭配使整个空间显得简洁、干净，这里也成为了北京最受欢迎的活动及庆典场地之一。🔳

1-4 大堂

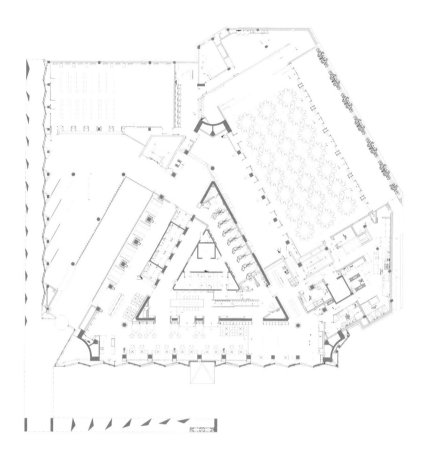

1 Veranda

2 一层平面

3 Living Room

4 Workclub

1 2
3 4

1-4 Drawing Room 餐厅

1.3　艺术中心
2.4　一层公共区域

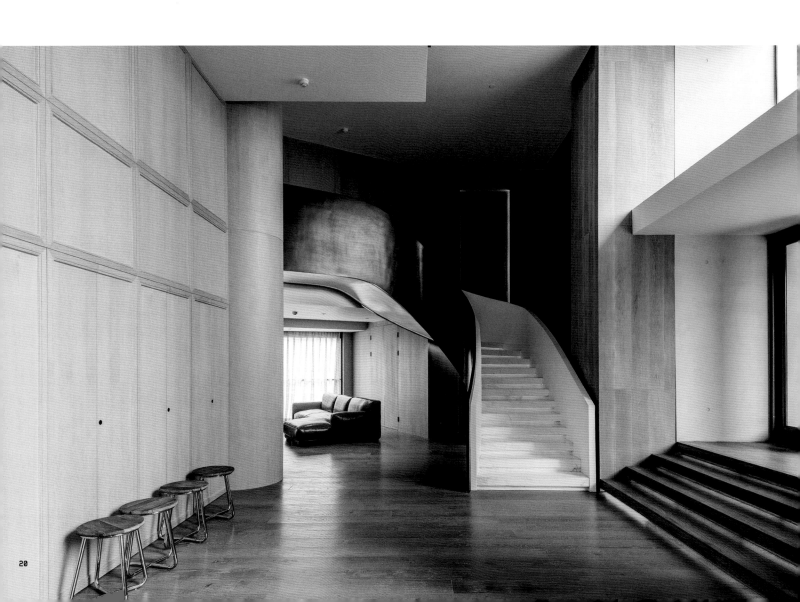

I-4 总统套房

5.6 客房

三亚艾迪逊酒店
THE SANYA EDITION

撰　　文	Vivian Xu
资料提供	Edition

地　　点	海南三亚海棠湾
创意总监	伊恩·施拉格
设　　计	I.S.C Design Studio
内饰设计	CAP Atelier
建筑设计	SCDA
景观设计	Madison Cox
餐厅理念	Paul Hsu
灯光设计	Lighting Planners Associates (LPA)
服装设计	Freddie Leiba
业　　主	三亚晋合置业有限公司
开业时间	2016年12月

1　入口

2　酒店俯瞰

3　外立面

最近，由蜚声国际的美国酒店业传奇人物伊恩·施拉格（Ian Schrager）一手打造的艾迪逊品牌在三亚开出了中国的第一间分号，这同时也是全球的第四家分舵。对酒店界而言，伊恩·施拉格是精品酒店业教父级的人物，而"社交"则是他赋予艾迪逊品牌的最大标签。

"我们想要建立一间与众不同的酒店，不仅在三亚，而且在中国也是独一无二的。"他表示，"艾迪逊是一个豪华品牌，但宾客同样希望看到富有娱乐性、创新并别树一格的构思；艾迪逊正能够为宾客提供他们所寻找的独特和原创体验。我们希望创建一个适合不同人群的度假村，为了做到这一点，酒店设置了不同的区域，三亚艾迪逊恍如一个独立于世界的村落。"

三亚的艾迪逊酒店依然秉承了其他分号的特色，其设计师依然为御用的 I.C.S 设计工作室，同时亦有室内设计事务所 CAP

Atelier 和景观概念的事务所 Madison Cox 共同加持。这家酒店依然摒弃了高调的华丽风格，取而代之的事简约、舒适、低调，但这样的设计很容易让人误解为三亚艾迪逊是一家透露着"性冷淡"风格或是北欧极简主义风格的酒店，其实，但凡是伊恩·施拉格出品，你就会明白，艾迪逊的骨子里一定是时尚的，并且对都市享乐主义有着极力的歌颂，而这样的调性则会让人们对三亚的度假又有了全新的体验。

酒店位于海棠湾，其框架结构的建筑如同巨大取景器，将大海和傍晚的光影裁成画作呈现于眼前。宾客刚进入酒店，便会被两旁皆为热带树木的车道引领至大堂落客区——一个由黑色花岗岩筑成、在装饰灯光中有成排青竹立于两侧的大型水池，微风吹拂时，水面还会泛起柔和的水波。这个水景装置是三亚艾迪逊最具标志性的景观，据说，景观设计师是从颐和园的园

林中汲取了灵感，将园林中最常见的竹子运用于热带环境中，也可以瞬间令客人切换到清凉模式。

壮丽的私人海洋为接待区营造了豪华宁静的感觉，而简约的露天设计则创造出典雅、开放式的环境。受到海南岛黎族村庄的启发，大堂的主要功能区——酒店接待处、落客等候区、大堂休息区、生活风尚商店（The Limited EDITION）和水疗中心接待处分别位于以实心柚木制成的独立矩形亭中。而在这个非常复合的一层公共区域

| 1 | 2 |
| | 3 |

1　大堂区域的水景装置

2　大堂接待处

3　客房休息区

中，一个又一个各具功能的木头盒子以及满眼的绿，则让人又感觉身处植物园。设计师的本意是将这些接待亭设计成"浮动"于池塘上的客厅，为展示东方文化，亭子以定制雕塑和当地艺术家的手工刺绣丝绸挂毯为特色。

酒店大堂共有两个，宛若漂浮在水面的玻璃盒子。大堂的门是用不规则的木条拼贴而成，足有4m高，当它自动开启时，便让人惊艳。一个走的是新古典的中国风，而另一个则是高级灰的意境。酒店的客房也是这样的调子，走的是极简主义路线，马蹄形的布局一展新式奢华，让所有宾客均能欣赏迷人海景。标准客房非常适合一家人，而装潢现代、设计独特的风尚套房则是情侣的理想选择。纯白与亚麻色系的搭配是客房的主色调，优雅的暖灰色石材墙面带来更多安全感。每个房间都设有独立浴缸，泡个热水澡惬意入眠，梦里也听见海浪声。

作为度假酒店，餐厅自然是要义，三亚艾迪逊共设有四间餐厅以及两间酒吧。"市场"（Market at EDITION）餐厅是酒店的全日制餐厅，也是早餐厅。它是参考三亚作为古代海上丝绸之路主要贸易港口的历史而设计的，"市场"以中国的古老仓库为蓝本，宾客可于此齐聚一堂，体验和享受市场的热闹气氛。为了突显仓库的概念，"市场"设有白色橡木货架以及展示手工陶器、茶叶、玻璃药草罐、陶瓷板和碗的架子。餐厅以一层垂直的柚木为外墙，高楼底的空间建有刻意以刷漆做出复古感的实心橡木柱子。各式白橡木餐椅、米色皮革和天然灰色内饰，结合定制设计的盒型厢座令人目不暇接。

夜店起家的艾迪逊酒店的精髓其实在顶层——屋顶游泳池、酒吧和酒廊的集合空间位于酒店的最高点，面对着中国南海，白天是悠闲惬意的池畔避风港，晚上则是魅力四射的时尚酒廊。内部采用以刷漆营造陈年感的榆木木材，场内放置深褐色的天鹅绒宴会长沙发与深色橡木和浅灰色软垫躺椅形成对比。在酒吧上方中央的黑色不锈钢镜面天花板，悬挂了超过2075枚透明水滴形水晶，仿如万天星辉的夜空。

不过，三亚艾迪逊虽然颜值颇高，但其真正与三亚其他酒店拉开距离的则是几个与艺术相关的空间。这里有三个由尤伦斯当代艺术中心专门策划的艺术画廊空间，美术馆面积约950m²，其展览和灯光系统均是由艺术顾问和尤伦斯当代艺术中心指导设计。生活风尚商店则是由北京尤伦斯当代艺术中心和迈阿密艾迪逊的史蒂文·吉尔斯（Steven Giles）合作设计，尤伦斯与80多位艺术家和100多位设计师展开合作，委托中国各地艺术家们创作作品，向酒店宾客展示潮流尖端的设计和独一无二的原创商品。END

1　鲜海海鲜餐厅
2　"市场" 餐厅
3　树影成为流动的装饰
4　星空吧泳池
5　星空吧

裸心堡
NAKED CASTLE

| 撰　文 | Vivian Xu |
| 资料提供 | 裸心堡 |

地　点	浙江省德清县莫干山镇劳岭村三九坞12号
主创设计	叶凯欣
设计团队	裸心设计团队
开业时间	2017年

I　城堡餐厅
2　城堡中庭

　　言及莫干山，必谈裸心。这个离上海两小时车程的老牌度假胜地因裸心一炮而红后，衍生出一批集"原生态"外在与精致内里于一身的度假村，正在朝着度假地的方向转变。其实，在江南文化图景中，莫干山是一块充满异质性的文化飞地。从1896年第一栋别墅建成开始后的40年间，莫干山逐渐发展成为中外闻名的避暑胜地。全山现存200多幢近代建筑，被称为"世界近代建筑博物馆"，留有诸多历史名人和事件的踪迹，具有很高的历史价值。

　　在近十年的开发中，莫干山一直以"民宿"著称，究其蓝本，其实是裸心在莫干山的第一家酒店——裸心乡。这个位于山上的青年旅馆早就很受外国人欢迎了，莫

干山大多民宿的雏形其实都源于此，即就地取材、保留村舍原有的风味，留有土墙和小院，而在室内却以混搭的方式形成强烈视觉冲击，将原本的统一打破。裸心集团的第二件作品——裸心谷却是将莫干山推向国际的巅峰之作，这座度假村给世人带来太多从未有过的感官颠覆，同时，也与大自然发生了生动的联系，完美地诠释了莫干山连绵起伏的山峦、绿荫如海的竹林，彻底将莫干山点燃，登上了《纽约时报》评选的"全球最值得一去的45个地方"；CNN将这里称为"除了长城之外，15个你必须要去的中国特色地方之一"。

　　不过，无论是裸心谷，还是裸心乡，抑或是跟风兴起的大批民宿或酒店，其实着眼点还是莫干山的地理优势。要说真正

将莫干山那颇带几分贵族气的历史风范与现代度假设施集于一体的，莫过于裸心集团的最新作品——裸心堡。设计师通过大量的史料挖掘、田野调查，还原了百年前苏格兰传教士梅滕更医生所建的古堡，这座精心打造的欧式古堡别墅配有炮台、吊桥、宴会厅和客房等，将客人穿越到20世纪20年代的文化、历史与奢华之中。站在露台上，可以俯瞰莫干山全貌以及著名的迷雾山脉与绵延起伏的山丘。

　　其实，这是裸心设计团队第一次设计城堡，这对他们来说并不是种熟悉的设计语言，但这却是个造就兼具经典外形与当代室内设计风格城堡的契机，正是这两种风格的并置，造就了一座属于我们这个时代的城堡。在设计师的打造下，城堡的体量

| | 2 |
| I | 3 |

I　裸心味西餐厅

2.3　裸心叶 spa

与原先的类似,但也加入了很多全新的注释。为了坚定地提倡可持续设计(裸心谷是行业内首个获得 LEED 认证的项目),设计师采用了当地的材料、传统工艺、生态技术以及先进的施工技术。城堡的石头来自就近的采石场,尽可能减少能源消耗和浪费,对大自然的能源馈赠做到物尽其用。

穿过吊桥,巨大的木门向内敞开,显露出了白色的宽敞中庭,这是一处由大理石围墙、装饰艺术风格的铁艺栏杆和半圆形观景阳台围拢成的宽大空间。螺旋上升的台阶上装饰着 Art Deco 风格的铁艺栏杆,中庭上方是玻璃屋顶,巨大的天窗令丰沛的阳光撒入中庭,悬挂在顶棚上的圆形铁艺雕塑,增添了现代主义美感。城堡内更有令人惊叹的地穴、瘾室、王室、花旦和帮主五种主题套房,实现你对古堡无论是

壮阔史诗或奇幻浪漫的各种想像。

裸心堡并不是个只有一座城堡的项目,它非常庞大,共有四组不同的建筑沿着山势而上,于错落间共同渗出乡村行宫般的魅力。低处的竹林里布置着迎宾的接待区,夯土小屋里放置着木质和皮革的定制设计家具以及用集装箱运来的南非饰品;创意餐厅裸心味与半空中的无边游泳池比邻而建,是裸心堡内又一个绝佳的观景点,落地玻璃窗令人可以看到下方山坡的全貌;水疗中心裸心叶也是同样的可持续环保设计风格,接待处由竹子编织而成,竹子、木质吊灯点缀其间,位于竹林之间的按摩室则让人身心平静。

除了山峦之巅的裸心堡内的 10 间主题套房,还有在原先的裸心乡原址改造而成的 25 间奢华小院,这些皆为独栋的村舍,

重新翻修之后,将再现十年前的莫干山模式之源起,会包含阿姨烧菜等传统经典项目;30 间厢房是在山间的原住村落重新打造的二层建筑,属于度假村内的基础房型,窗外是田园景色;30 间崖景套房是全新建造的二层建筑,皆为套房结构,客房本身的三层式下沉布局在国内的度假酒店应属首创,落地窗呈现的山崖景观令人震惊。

裸心的创造者高天成的理念是:想象一下,如果一个人是冲着莫干山去的,他会去各种渠道寻找住的地方,这不是我想要的。我想要的相反,是一个人想去裸心,然后再想去周围转转,看看山。

确实,身居山间,看悠远山间的灯光次第点亮,鼻尖缠绕着青草香气,一切也变得越来越好。■

SKY
BUNGALOW

高天小院

安麓兰亭
AHN LUH LANTING

撰　　文 | Vivian Xu
资料提供 | 安麓兰亭

地　　点 | 浙江绍兴市阳明路27号
设　　计 | Jaya Ibrahim
开业时间 | 2017年5月

1	3
2	

1　入口

2　酒店内景观

3　客房入口

　　土生土长的安麓酒店是由首旅集团董事长段强和安缦创始人、吉合睦联合创始人 Adrian Zecha 先生联手创建。在创立之初，就将自己定位为"中式安缦"的风格，旗下所有的酒店无论选址还是设计品质都将延续"安缦"特色，化身独具中式魅力的艺术品。

　　安麓首先推出的是位于上海的安麓朱家角，这家安麓在入口处搬来了有 600 年历史的"江南第一官厅"五凤楼与晚清戏台，这两幢徽派大宅无疑镇住了整个酒店的基调。安麓的第二站则选址在绍兴会稽山，这处占地 9.2 公顷的酒店以王羲之的《兰亭集序》为灵感创作，相较安麓朱家角而言，显得更有野趣，也更符合我心中对度假酒店的预判。操刀这间酒店室内设计的是安缦的御用设计师之一 Jaya Ibrahim，这位设计奇才于 2015 年不幸离世，享年 67 岁，兰亭安麓则成为他为数不多的几间遗作之一。

　　兰亭安麓的确切定位其实是会稽山的余脉——宛委山，通过酒店的私密上山通道，可以一享登高望远的乐趣，两山与其之间卧着的溪流和古建新宅共同绘出一个"川"字。这是一个四季美景无休的梦幻村落，将这座酒店的中式神韵精准烘托。

　　从客观上来说，安麓更像是安缦的"汉化高定版"，只是还附赠了其幕后主人秦同千的古董收藏。与安麓朱家角的路线一致，安麓兰亭的特色之一依然是"古建筑体验"。酒店共有 88 间别墅和套房，分布在 35 座徽派建筑中，客房有过半是秦同千多年从各地收集的老宅，他曾表示："别人买古董是放在家里把玩，我是把古董放在地上建起来给大家住。"

　　在古建领域，这样的项目比盖新房子要难得多。要在古建筑的基础上实现空间新生，不仅需要保存原有格局，修复破损的构件，更需要创新、改变其原有功能；安麓系列都是异地建造，其必须要与周边的环境吻合，不能让人觉得这个地方多了个老古董。为了解决这些问题，秦同千到处去收集老料，搭配古建筑中缺失的构件，并聘请了二百余位手工艺人去修复破损的木雕、石雕。修复后的老房子各具特色，入口处的将军府高大巍峨，盐商铺子设计奇巧，明代的民居则小巧多能，雕花楼亦美轮美奂……这些建筑相互之间既是和谐的整体，又是独特的个体。

　　安麓兰亭的客房部分并不完全是老房子改建，还有一部分新建建筑，但与老房子的整体风貌非常一致。操刀室内的 Jaya 将业主的藏品在空间的衬托下更加楚楚动人。他将这些老建筑的特色更加深入到酒店的骨髓中，并延续着他对原木、石材和朴雅的偏爱。Jaya 大量运用了几何、线条的元素，将装饰都交给了阳光和镂空屏风，以便他们在不同时段上演不同的光影追逐，而借景、框景等多种表现手法亦打造出了一幅立体水墨山水画卷。

　　现代风格与悠久历史在这里和谐共生，融合得也相当自然。正暗合诗仙李白的千古绝唱——"遥闻会稽美，且度耶溪水"。END

| I | 3 |
| 2 | 4 |

I.2　酒店主打的由老房子改建的房型

3.4　新建部分客房

三亚柏悦
PARK HYATT SANYA

撰　　文	Vivian Xu
资料提供	三亚柏悦

地　　点	海南省三亚市太阳湾
设计单位	Denniston
设　　计	Jean-Michel Gathy
竣工时间	2015年

作为凯悦酒店的高定系列，柏悦一直昂贵、高冷、被名人追逐。它在城市中总会找到闹中取静处，浮于城市上空，与最具特色的地标形成对话，而其度假村系列也总能避开大人流。三亚柏悦就避开了亚龙湾和海棠湾，独占了僻静的太阳湾。

太阳湾其实位于亚龙湾腹地，三面环山，一面环海，风景优美如画。环抱海湾的主峰为白石岭，山面覆盖茂密的热带原始森林，是一块不可多得的世外桃源，整个区域内除了一些可出售的别墅物业外，就仅有柏悦一家酒店以及正在建造的系出同门的安达仕。驶入一条长达5km，仅仅通向太阳湾的蜿蜒山路后，群山依偎在右侧，大海在眼前的视觉中蔓延。弯下山坡后，眼前就会豁然开朗。酒店建筑群沿着优美的私属海岸线成拱形排列，面朝南中国海的磅礴风光，郁葱山脉则拥其身后。入夜，外墙就会通体发光，仿佛嵌入海湾的珠宝。

素来愿意为设计买单的柏悦，此次据说设计费就砸了1亿美金，请来了LV白马庄园以及安缦的御用设计师Jean-Michel Gathy。他赋予这座酒店的设计理念十分超前，完全有别于一般的海边度假酒店。

设计师摒弃了豪华宽敞的平面布局，将建筑化整为零。整个度假村采用分散式布局，6栋客房布置在不同标高，依山就势，高低错落，保证每间客房皆有海景可观。简单的条形体量错落分布于景观水池之上，建筑的重量感也因此立减，取而代之的是轻盈简洁的心理体验。

酒店的大门设计独特精致，由古典的上海石砖红瓦营造的时代感跃然心生，入目所及是排在长长走道两旁的深红色牛皮长椅，优美典雅。穿过走廊，进入到一个四层楼高的空间便是酒店大堂，这里视野越发宽阔。设计师偏爱挑高的顶棚，巨大的落地窗让阳光洒满整个大堂，一个无限延长的水景引领宾客探知广袤的南中国海景观。大厅内，高2.5m的艺术品大气典雅，木棂格子窗取代密封落地板墙，左右两边约20m长的桌子上，陈列着各种独特精致的艺术品，予人以温暖亲切之感。

度假村内那迷宫一般的走道很容易让人迷失，但巨大的空间尺度也正好让人放慢了脚步，寻觅关于人生迂回不止的密语。但这样的廊道也是散步和发呆的好去处，设计师采用了通高的木制格栅，并在两侧放置了长条靠椅，将两边的风景特别设计了一番——几株鸡蛋花树点缀着平静的水面，这是以无边际泳池的概念在酒店的多处平台上做出的水景效果，而连廊的尽头则是大海的所在。

其实，熟知柏悦的人都了解其高冷的气场，为了缩小这种敬畏感，大多柏悦都会用些幽默的艺术品来平衡。三亚柏悦依然沿袭这一套路，并在酒店地图上标记出了每件艺术品的信息和位置，以便住客练就更高的艺术鉴赏力。精美的画作以及雕塑品是角落里不经意的点缀，而艺术品一直也在阐述着对不同建筑的独特理解。部分形态憨厚的艺术品虽出自当代艺术名家的手笔，却有着诸如"甜甜圈"、"胖娃娃"、"费列罗"的绰号，让人印象深刻。

三亚柏悦的设计理念还有一处非常特别，目前很少有海滩度假酒店会取消海景阳台，而三亚柏悦却这么做了。柏悦的客房大部分都是全封闭式的，全景窗长条宽幅，从房间一端延伸到另一端，并由垂直镜面玻璃继续延伸，窗外是碧海蓝天，有宽幕电影的效果。有人将其读解为，柏悦的客人就应该优雅地坐在飘窗上，隔窗欣赏海景。END

1　悦厅座位区

2　走廊

3　艺术品

4　大堂

1	3
2	4 5

1　走廊水景

2　别墅客房

3.4　海景客房

5　套房客厅

杭州柏悦
PARK HYATT HANGZHOU

撰　　文	MY
资料提供	杭州柏悦

地　　点	浙江省杭州市钱江路1366号
建筑设计	KPF
室内设计	Yabu Pushelberg
开业时间	2016年9月

1　中餐厅

2　酒店入口

3　外观

　　众所周知，柏悦品牌是遍布全球的极致酒店，也是全世界最热衷于建筑和设计的酒店帝国之一。设计上的创新曾为其带来无数赞誉与商业上的成功，所以柏悦也是所有奢华酒店中最重视设计的，他们只邀请全球最当红的设计师打造与一流建筑相呼应的先锋感与归属感并存的空间。

　　杭州柏悦位于杭州钱江新城 CBD 核心区的万象城，操刀的是国际设计界的当红组合——Yabu Pushelberg。据设计师称，他们的设计灵感来自一代传奇浙商胡雪岩的故居，他们希望以此来打造出一个高空中的现代江南宅院。

　　柏悦给人的感觉一直高冷，它从来不用恢宏的门脸吸引客人，也不用金碧辉煌来映衬身价，那干净冷艳的几行小字往往是需要在一堆石头或金属中反复搜寻。杭州柏悦的入口秉承这一惯例，隐秘而低调，其正门在钱江路上，空间感很高却在设计上十分简约，以至于可能很多人根本不会察觉这门后居然隐藏了一间地标式酒店。

　　在进门的那一刻起，设计师就希望来者在这摩天大楼里有种恍惚置身于江南豪宅的错觉。正门采用大理石花纹和颜色不一的铜互相点缀，巨幅莲叶木映入眼帘，他们将酒店一层的厅堂打造成了三个"盒子"，层层递进。第一个"盒子"借助铜元素、丝线、水波纹等元素，以现代的方式演绎

了设计师对江南以及西湖的印象；第二个"盒子"则充分从胡雪岩故居中提取设计元素，以无数几何形态铜雕立面装饰并辅以金箔的面貌出现，诠释了柏悦的私家宅邸的理念；第三个盒子便是电梯间，简约的装饰却透露出浓郁的江南风情，由这里便可直达位于 37 层的大堂。

　　大堂挑高 5.2m，高大的玻璃落地窗令人豁然开朗。其实，站在云端，重塑新与旧的关系，将设计与山水呼应才是设计师此番设计真正的中心思想。设计师在整个酒店空间里大量使用了大理石墙面与地面，大堂区域的最为典型，这些水云纹理的石材十分契合杭州柏悦想要营造的江南宅院的写意感，与水墨氤氲气质的地毯搭配起来，既应对山水，又非常现代。

　　作为整个空间的精髓所在，悦厅环绕大堂而设，带来 270° 的开阔景观，城市风光和西湖美景尽收眼底，同时，设计师也将其最擅长的屏风元素，以中国红与暗纹金色再次巧妙呈现。同时位于 37 层的中餐厅依旧选用质感上好的木材，将其他彩色的配饰都控制得分寸适宜。在这个空间中，最有特色的仍是设计师招牌的屏风设计手法，这些典雅的全手工苏绣屏风在保证私密性之外，更加像精美的艺术品，而由宫灯样式转换而来的玻璃灯，别致隽雅，配合高空窗外的景色，更契合了其作为杭

州最高酒店建筑的主题。

　　位于 48 层的"潮"占据酒店两层顶楼，充分利用自然采光。"潮"餐厅中，大小不一的木框"爬"上高阔的墙面，不仅是装饰，更是装满各国的美味与乡愁；隔壁的"潮"酒吧则绝对是杭州独此一家的全透明结构悬浮私享地，这个由 KPF 留下的小"心机"让人有种云中漫步的美妙感受。

　　客房的面积自 55m² 起，以天然木材和安静的湖蓝色调为主，重视舒适和功能性，却不放过任何一个彰显格调的细节。那一抹湖水蓝的手工丝质地毯，绣着幽美的杭州梅花；床头的樱花剪影设计更是一绝，关灯时是素雅清丽的木纹板，开灯则是樱花绽放的绮丽幻境；Mini Bar 是一个手绘荷花的中国漆器斗柜，颜值颇高；洗浴间大面积使用白色大理石，洁净通透，圆镜设计感十足，后面打出一轮如月亮般的暖光，可见设计师对于纯净空间的热忱。END

1　一层宾客服务区

2.4　大堂

3　屏风是设计师最擅长的手法

```
  1 │ 4
2 3 │ 5
```

1 泳池

2 床头的樱花剪影非常特别

3 中餐厅的苏绣屏风

4.5 客房

安缦达瑞度假村
AMANDARI, BALI

撰　文　｜　Hanshen
资料提供　｜　Amandari

地　点　｜　印度尼西亚巴厘岛
建筑设计　｜　（澳）Peter Muller
房　间　｜　30间套房+amandari别墅

1 公共泳池

2 大堂及庭院

3 石虎

Amandari 位于巴厘岛中部乌布区起伏不平的高地和山丘之上，毗邻闲适、质朴的 Kedewatan 村庄，度假村十分静谧和祥和。当你安静地呆在其中，就会在时光和细节中慢慢体会到 Amandari 所寓意的"平和的心境"。

据说这里原是一片圣地，数百年来，巴厘岛居民每隔 6 个月就会身着朝圣服饰沿着这条小径来到阿漾河朝圣。负责设计 Amandari 度假村的澳大利亚建筑师 Peter Muller 在设计时非常尊重当地的文化和风俗，维持保留了这条 2m 宽的小径。他在此种植了成排的椰树，并在小径旁修建台阶，如今，蜿蜒的雨花石小径仍旧穿过 Amandari，并引导人们走向下方的神秘峡谷。

Amandari 的建筑以自然色调为主，朴实中可看到 Amandari 尊重当地文化的态度。随处可见椰树木和柚木，而铺有白茅草的竹制屋顶更带来一股清新愉悦的田园气息，让人有种豁然开朗的休闲与自在。

酒店的露天大堂借鉴巴厘岛乡村聚会场所的形式，通透开敞，满眼的绿色。采用当地的椰木作为梁柱材料，地板以凉爽的爪哇大理石与当地火山石交错铺嵌而成。一尊祈福的石虎卧于布满廊柱的庭院内的绿地中。

餐厅中大多陈设均以柚木制成。气氛闲适的二层餐厅可俯瞰度假村的碧波泳池。池水如梯田一般，绿色的水波向远处层层漾开。一旁的酒吧中设有露台座椅，供应各种酒水和餐点。夜幕降临后，从餐厅向外望去，能看到泳池后方音乐厅中的演出，美妙的旋律与夜色相映成趣。游客在餐厅及旁边的私人就餐亭均可享受这美妙的演奏。

双层游泳池地处美丽的露天平台和花园的怀抱之中，并俯瞰水稻梯田。梯田中绿色和金色相互交错，最终汇入阿漾河峡谷。

度假村设有 30 间独立套房，21 间套房位于水稻梯田一侧，9 间套房位于河谷一侧。所有套房彼此之间以墙隔开，其设计具有低

调的优雅气息，并均配备私人庭院或泳池。沿着庭院间铺设的雨花石走道，两边是长满青苔的由柔软火山蘑菇石制成的高墙，高墙里面便是个人私密的空间了。走进小庭院，打开房门，迎面大床后面是个小小的天井，白墙上芭蕉树影婆娑；左侧是狭长的日本式庭院；右侧落地门外是私属的由柚木和竹子制成的户外休闲亭，在此可就餐喝茶、听风看雨，触手即可够到眼前的植物，时不时还可看到劳作的农民从下面走过，俯瞰便是葱郁繁茂的阿漾河（Ayung）峡谷，还可饱览临近的水稻梯田及河谷风光。

每个卧室均配备四帷柱豪华大床，绘有 Kamasan 风格图案的顶棚，或是高敞内收的顶棚，各有特色。套房的浴室中均配有下沉式大理石浴缸，无比惊艳。浴缸由浴室一侧的滑动玻璃门与外界隔开，虽然设有围墙，

但仰首即可看到璀璨的星空。下沉式浴缸周围摆满了绿色植物，在璀璨的夜空之下，带您领略一场香气四溢的泡泡浴。两个梳妆台、更衣室、相互独立的淋浴区和盥洗区以及爪哇风格的大理石地板令整个房间倍显优雅、迷人。

Amandari 度假别墅沿度假村而建，地处宁静而又充满田园风情的山坡之上。由椰木和柚木建成 5 个房间：3 间独立的梯田式卧房、一间独立的玻璃墙起居室和设备齐全的厨房。

在 Amandari，你可以和当地人融为一体。村民们穿过酒店去祭祀、去农作，而孩子们则常常在酒店里练习和表演当地的传统舞蹈，这里就是整个村庄的一部分，而游客和当地人之间的界限，也变得暧昧起来，在这里体验的是极致的巴厘岛乡村生活。🅴🅽🅳

1　阅读厅

2　就餐厅

3,4　餐厅

1-4　户外小径雕像及入口

5-7　Spa

I	3
2	4 5

I　开敞的别墅公共空间

2　二层别墅房间

3　套房景观台

4　室外浴室

5　泳池套房

安缦努沙度假村
AMANUSA

| 撰　　文 | Hanshen |
| 资料提供 | Amandusa |

地　　点	印度尼西亚巴厘岛
建筑设计	（澳）Kerry Hill
房　　间	35间套房、别墅

1　泳池与 Bar
2　大堂

走进 Amanusa 度假村，气势宏大的规模会颠覆你以往对安缦的想象。度假村位于巴厘岛南半岛，俯瞰苍翠繁茂、繁花似锦的山坡，尽收巴厘岛乡村高尔夫俱乐部无边的绿色。极目远眺，Nusa Pinada 和 Nusa Lembongan 岛在海天相接处隐约可见，一望无际的印度洋波光闪耀。

Amanusa 的开敞式大堂高敞明亮，一列列廊柱形成了空间的秩序，摆放在侧的白色晚香玉盆栽日夜散发着沁人心脾的幽香。由大理石铺就的门厅中摆放着一尊大型柚木雕塑，描绘的是印度史诗中的场景。旅人在此休息办理入住，海风吹拂、海浪涌动，心随之而静，仿佛走入了一个"平静的小岛"（Amanusa 一词的寓意）。

穿过绿荫浓郁、开满鲜花的小路，可到达掩映于长满苔藓的蘑菇石下的私密套房。Amanusa 度假村拥有 35 间茅草顶套房及别墅，每间套房都拥有私人的庭院。入口处长满青苔的石板上有精致的鸡蛋花，古老的传统式木板门铃使时光倒流。

每间套房均配备四帷柱豪华大床、飘窗沙发、红木书桌及私人餐桌。同样，每间套房均设有户外阳台，并配备大号躺椅及天篷，方便晒日光浴或就餐时使用。而门控入口外便是风景秀美的庭院。另有 8 间套房还配备私人泳池。

浴室的光线十分充足，并配有大理石下沉式浴缸。浴缸四周的玻璃墙壁在水中呈现出阵阵倒影。木质和玻璃滑动门后是一片户外日光浴区域，其设施与套房周围的石头围墙恰到好处地融为一体。设计师将室内浴室与盥洗区分割开来，并配备两个梳妆台、百叶窗衣柜和宽敞的更衣室，令以大理石铺就的房间更加完美。

度假村的 Terrace 餐厅白天为游客提供亚洲或欧洲风味的餐饮，晚上则转为泰式或印尼大餐。而 Restaurant 则以地中海风味美食为主，间或也会在俯瞰游泳池的庭院中供应餐饮。Terrace 为露天用餐点，游客在此可

饱览南海岸的秀美风光，亦可瞥见邻近岛屿。向东远眺，还可看见以圣地阿贡山为中心的火山群。而在氛围舒适的酒吧中，游客可进行睡前小酌或闲聊，也可在日落时喝上一杯，或是从高尔夫球运动归来后小憩一番。这里的风光同样旖旎迷人。

对于期待在泳池边享用浪漫晚餐的游客来说，Amanusa 的 24m 超大蓝色泳池正是专为这一难忘时刻量身打造的。泳池外围环绕着未上釉的蜡防印花盆栽、开满淡粉色和白色花朵的鸡蛋花树以及双层蘑菇石围墙，而游客则在缀满桃红色九重葛的格栅下用餐。这种情景如梦如幻，早已超脱了人们的想象。

住客乘坐特色老爷汽车前往 Amanusa 海滩俱乐部仅需几分钟，海滩俱乐部设有 10 座具有特色的休闲亭和设计独特的冲淋设施。夜幕降临，火把、纸质蜡烛和巴厘岛旗帜排成一条通往海滩的小径，海边铺有白色桌布的餐桌也在星光的点缀下熠熠生辉，皎洁月色下的烛光烧烤情景也会令人铭记于心。END

| | 1 | 4 |
| 2 | 3 | |

1　水景庭院

2　顶层平台餐厅

3　庭院婚礼布置

4　壁虎雕刻的墙面

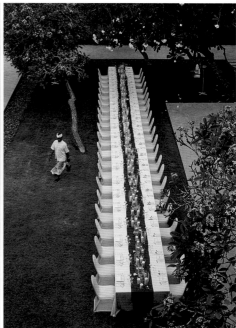

```
|1|   |
|2 3| 4|
```

1　套房入口
2　套房花园
3　套房浴室
4　套房卧室

欧贝罗伊巴厘岛酒店
THE OBEROI BALI

撰　文	小子
资料提供	欧贝罗伊巴厘岛酒店

地　点	印度尼西亚巴厘岛水明漾地区（Seminyak Beach,Jalan Kayu Aya,bali ）
房　间	74间

I	2	3
		4
I		

I　餐厅外观

2-4　屋面细节

欧贝罗伊巴厘岛酒店（The Oberoi Bali）位于巴厘岛水明漾地区。酒店向南便是游人络绎不绝的库塔海岸，穿过人流如织的街道，稍不留意你就会错过这个低调的酒店入口。进入占地 15 英亩的热带花园中，仿佛是进入了一个世外桃源。朴素低调的建筑散落在郁郁葱葱的绿化之中，所有建筑都因地势而建造，仿若来到一个古朴的村落，宁静而安详。

欧贝罗伊巴厘岛酒店摒弃了时下流行的所谓巴厘岛建筑风格的表象设计元素，他们认为：人与自然之间的亲密无间才是设计的重点。因而酒店的大堂、餐厅、酒吧等公共区域都是开敞的，并且在花园里设置了圆形围合的阶梯式下沉剧场供旅人在此喝茶聊天、观看当地人的才艺表演、了解当地人的风俗习惯。

餐厅和酒吧面向广场而设，采用朴素的茅草覆盖顶部，其上修补的痕迹给建筑留下了岁月的烙印。蓝天白云之下，树影婆娑、变化无穷。餐厅采用可折叠落地窗，可按需要关闭和开启。

酒店房型分为豪华兰纳套房和豪华别墅。套房入口处有一小小的露台，客人可在此喝茶小憩尽享私人怡然自得的时光，同时也是室内外的过渡空间。卫生间的落地长窗将室外小庭院的阳光、绿植引入室内，使客人尽管身处室内，却能令自然气息不突兀、不矫揉造作地环绕在四周。

在被莲池、绿意环伺的露天凉亭享受地道巴厘式 SPA，欧贝罗伊水疗为人称道的风景亦是人们心灵最好的催眠灵药。这里提供的传统泰式、无油按摩，可以使机体放松；而广受好评的巴厘岛深压按摩则可舒缓身心。此外，由于中心采用泰式与西方技术相结合的理疗方式，因此在促进人体血液循环、平衡身体技能方面也有一定作用。

这里没有华丽的色彩和贵重的材质，只需原木、石砖、藤麻、陶饰，一切都是那样的自然清新，与奢华、精致、理性无关，这是一种实实在在的质朴生活，是真正的巴厘岛宜居体验。ɴᴅ

1.2 餐厅

3 酒吧

4 露天阶梯式下沉剧场

| 1 | 2 3 |
| | 4 |

1　客房外观

2　花园别墅

3　泳池别墅

4　客房

七园居
SEPTUOR IN HILLS

| 撰　文 | 董晓 |
| 摄　影 | 上海博风建筑设计咨询有限公司、田方方 |

地　点	浙江德清对河口村西岑坞
建筑景观	上海博风建筑设计咨询有限公司
室内设计	上海博风建筑设计咨询有限公司
建筑师	王方戟、董晓、肖潇
设计团队	张婷、陈长山、钱晨、林婧、刘雨浓、吴恩婷
软装设计	杨国亮
结构形式	钢筋混凝土（新建）＋木结构（保留）
业　主	私人业主
建筑面积	645m²
基地面积	950m²
设计时间	2015年5月
竣工时间	2017年2月

1　7号客房

2　4、5号客房露台

3　总图

七园居位于德清莫干山对河口水库以南被竹林覆盖的丘陵之中，一条南北向的溪流环绕基地而过。因此，需要跨越水泥桥方可进入七园居所在场地。场地背后则是一条通往山腰民宅的道路以及被毛竹覆盖的山丘，农户的民房便依靠在山丘与溪水之间的缓坡上。自然村的房屋沿道路铺开，七园居所在的保留民房是其中为数不多有溪流环绕与腹地阻隔的，业主租下这里希望将其与周边场地一起改造为精品民宿。

场地上原有一栋二层的民房和若干一层的单坡辅助用房。设计保留了场地上原有的木结构与夯土墙混合承重的主体民房。保留民房受木结构跨度的限制，开间只有3.6m，考虑客房的舒适性，我们将六开间重新隔断成四开间，再通过室内功能的布置，化解落入室内的木结构柱子，使保留木结构成为客房的体验元素。同时，设计还保留了民房北侧单坡辅助用房与主体民房之间的高差，新建的咖啡厅便位于此处，与主体民房一层北侧的大堂由室内楼梯连接，外部由跨越场地自然高差的路径串联。

出于构造考虑，我们将卫生间置于保留民房的西侧，该部分虽然同被主体民房上延续下来的坡屋顶覆盖，但实为钢筋混凝土新建，方便走管与做卫生间楼面防水处理。

这种处理策略难免带来客房、卫生间、走廊三条功能空间的格局，为了避免这种招待所式的体验，同时建立与室外环境的互动，我们为每个客房创造了不同的进入路径与属于自己的露台或庭院，以此建立一种与城市酒店体验完全不同的乡村旅舍格局模式。除辅助六间客房的卫生间功能，西侧新建部分一层自南向北依次为厨房、3号客房、大堂檐廊；二层依次为餐厅（兼会议室）、公共露台。其中，设计通过挤压一层厨房空间高度，使得餐厅地坪略低于客房地坪，以此拉近底层与二层功能的距离，让人逐渐往上走到公共空间，继而上几个踏步进入客房。同时，作为4、5号客房屋顶平台的餐厅屋顶地坪标高也随之下降，客人可以通过一个直跑楼梯，如同爬上夹层阁楼般，上到专属的屋顶露台。

尽管七园居呈现一个被素混凝土、夯土、毛石、橡木包裹的景象，但更希望确立的是唯一化而非统筹性的路径组织模式。在求异的当下，包括建筑在内的很多人造产品都急于在形式上与别的产品拉开差距，同时这个产品又是要让大众能产生共鸣与认同的。于是，我们看到了很多标签化的空间：乡村民宿、东南亚度假酒店、日式餐厅等等，这些标签是必要的获得认同的第一步，但同时它们又是不可超越的，因为它们被禁锢在

了自己的意象里。因此，无论是乡村民宿，还是东南亚度假酒店，其创造力的核心在于原型与内在逻辑的构想，而非其即存定义本身，这也便是七园居拓展"民宿"定义的努力所在。从这个角度说，七园居是很抽象、很关系化的，它试图建立一个功能格局统筹化、而动线组织唯一化的民宿策略模式。

对于我们设计团队来说，建筑设计的过程是将抽象理念物化的过程，抽象理念的新意在于创造超越常规而舒适、合适的空间体验。因此，这个抽象理念基于对体验的设想而提出，在空间的形成中落实，设想与落实结果的比较、反思推进着我们的设计实践。 END

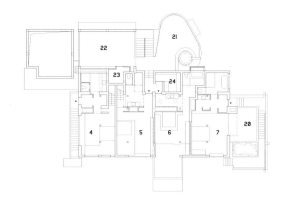

0 1 2 4 8 16

1	1号客房	13	原有住户保留用房
2	2号客房	14	南侧公共平台
3	3号客房	15	1号客房庭院
4	4号客房	16	2号客房庭院
5	5号客房	17	东侧公共平台
6	6号客房	18	咖啡厅公共平台
7	7号客房	19	3号客房庭院
8	大堂	20	7号客房露台
9	公共卫生间	21	公共露台
10	咖啡厅	22	餐厅（兼会议室）
11	玄关	23	储藏室
12	厨房	24	布草间

1	2	4
3		5

1　一层平面
2　二层平面
3　室外公共空间
4　南立面
5　大堂吧台

| 1 | 3 | 4 |
| 2 | 5 | |

1　7号客房

2　剖面图

3　7号客房卫生间

4　6号客房卫生间

5　5号客房通往露台的楼梯

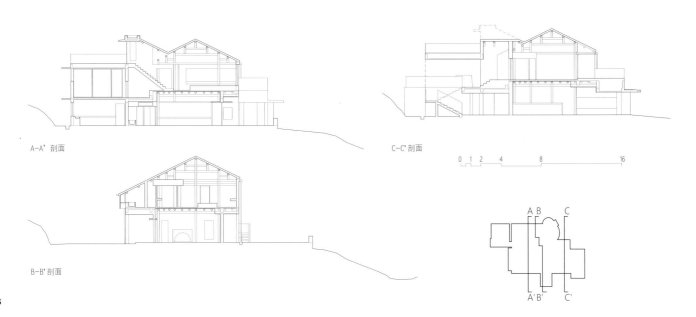

A-A' 剖面

C-C' 剖面

B-B' 剖面

齐云山树影屋
TREEHOUSE M AT QIYUN MOUNTAIN

撰　　文	窦平平
摄　　影	侯博文、窦平平
资料提供	LanD工作室

地　　点	安徽省黄山市休宁县齐云山镇
建筑设计	LanD工作室
主持建筑师	窦平平
设计团队	杨悦、方飞、王曙光
项目功能	度假酒店
业　　主	自由家
建筑面积	40m²（室内）+30m²（露台）
建筑结构	钢木混合
设计时间	2015年6月~2015年10月
竣工时间	2016年8月

I 伴随着景色展开

2 葱郁围裹

　　齐云山度假酒店树影屋位于安徽省黄山市休宁县的一片山间林地。业主希望这里的数十个度假屋如露营一般，分散在山林之中，有的适宜情侣，有的接待亲友。我们设计的是情侣型。业主也希望这些度假屋彼此姿态不同，每个都自成产品，可以轻巧地做出些许改变以适应另一片风景。这与 LanD 的适应性设计策略不谋而合。

　　基地位于向阳坡，面向齐云山。勘察基地时发现丛林茂密，在地面上只能绰约地从枝叶缝隙中窥见山峰。环顾四周，视野所及不过数米。于是想象身体抬升至树冠，南向的视野豁然开朗，苍穹下齐云山在眼前绵延展开，此时环顾四周，依然妥妥地被葱郁围裹。忽然觉得这样完全置身于自然之中的私密是最大的浪漫。这让我想到了架子床，它可以在任意尺度的空间里限定一个休憩空间，如同屋中屋。帷幔

落下，便是亲密的二人世界，而灯影摇曳，又引发外面的人以无限遐想。

　　在风景之中休憩，是悠哉的，应当伴随着不刺目的光线和徐徐的清风。因此我们将屋面覆盖压低到视点的高度，下面是格栅在玻璃窗外形成的垂帘，暧昧的光和影交织而入。这里是阴翳的所在。沿栈道进入小屋，在入口两侧脱鞋更衣洗漱梳妆，之后便进入到中心的休憩空间，再之后推玻璃门而出，又来到室外。但这一次是完全在山野之中却又全然私密的大露台，这里有一个宽敞的浴池。

　　我们希望进到屋里的人感觉自己是被这个屋子托起到树冠高度的，有一种借得山景片刻的惜福感，因此希望结构是从地面撑起而后展开的，像树、像伞。因此我们发展出一种钢木混合的木格栅结构，它由一个钢柱支撑，三角形木构架逐层外挑，

渐变形成一组伞状的结构单元。八组这样的结构单元，便聚合成了一个在自然之屋中放置的架子床。它是人们熟悉的坡顶小屋的轻微扭转。从外部看，它静默地掩映在树影之中；进入内部，便感受到它的灵动，伴随着景色的展开让人欣喜澎湃。

　　伞状的结构单元是开放的，能够适应地形和使用需要，组合和变化出多样的类型——可以是林间草地上的一顶小亭，也可以是水边的一段廊，可以是山谷中的一座桥，也可以是探出树冠的瞭望台。它以严谨的结构秩序变化地营造观景和休憩的微妙体验。

　　木格栅的截面尺寸采用标准木方截面，长度分为八种标准长度，依靠组合关系产生形体丰富性。构件尺寸和搭接方式都尽可能单一，一方面减少了材料损耗，另一方面缩短了施工周期，从而减少对林地生态的干扰，同时也方便了材料再利用。END

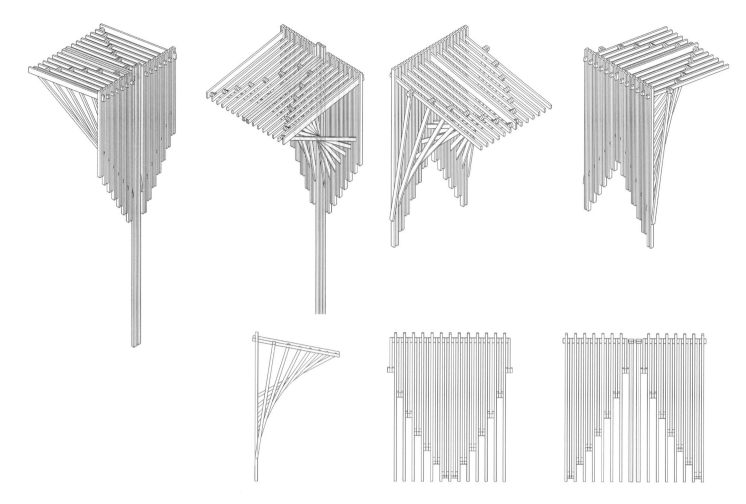

1–3 伞形结构单元

4 地形关系

5 静默地掩映在树影之中

6 入口

7 托起到树冠高度

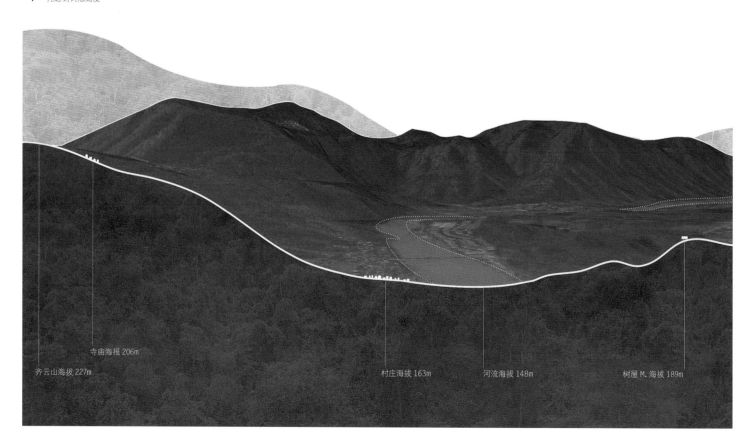

寺庙海报 206m

齐云山海拔 227m

村庄海拔 163m

河流海拔 148m

树屋 M. 海拔 189m

| 1 | 3 4 |
| 2 | 5 |

1　阴翳的所在
2　置身于自然之中的私密
3　从栈道走进
4　借得山景片刻
5　适应性类型

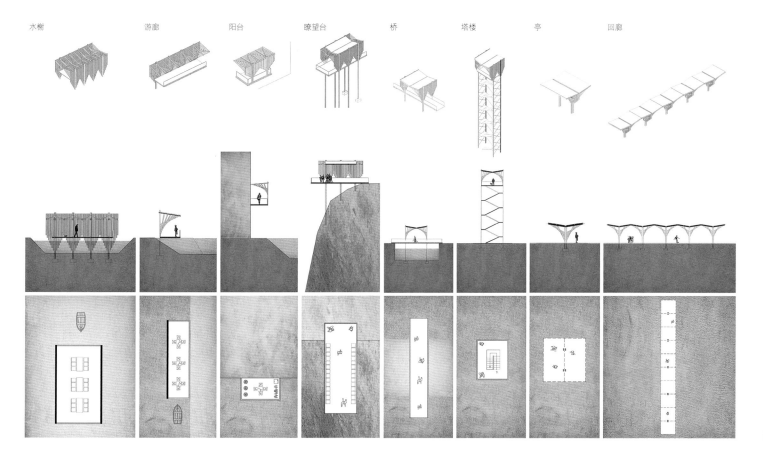

水榭　　游廊　　阳台　　瞭望台　　桥　　塔楼　　亭　　回廊

齐云山树屋
TREEHOUSE AT QIYUN MOUNTAIN

撰 文	相南	
摄 影	陈颢	
地 点	安徽省黄山市休宁县齐云山镇	
建筑师	相南、姚中	
团 队	秦川、叶垂	
功 能	酒店	
建筑面积	100m²	
建筑结构	钢结构+欧松板	
设计时间	2015年6月~2015年11月	
施工时间	2015年12月~2016年7月	

1　入口

2　体块相互叠加而成的独特建筑

3　隐于林中的树屋

齐云山树屋是一个可以同时供两家人共同使用的度假酒店。树屋位于中国安徽省黄山市西 30km 处的休宁县境内的齐云山山脚下，簇拥在一片常绿的红杉木林区之中。

树屋总高约 11m，与周边成熟树龄的红杉木同高。整座房子由 7 个大约 10m² 的房间相叠而成，房间分别是玄关、两个卧室、两个洗手间、起居室和观景间。两套卧室和洗手间中间由玄关间相隔，可以供两家人同时居住但互不干扰。起居室和景观间则作为公共空间，设置在树屋顶部。7 个房间由中间的一条旋转楼梯相串连。

树屋的入口玄关被设置在了树屋的中段，使用者从中段玻璃展廊进入树屋玄关后可以向上或者向下抵达各自的两个卧室。通过螺旋楼梯向上攀爬可以抵达其他的功能房间。树屋每 1.6m 升高一层，随着攀爬高度的提升，攀爬者可以感受从 360° 视角、不

同高度带来的森林景观体验。在树屋低处的房间，使用者可以体验到树干和树下的灌木，中部房间的使用者感受到的是树冠和照进房间斑驳的树影。上部房间的使用者的视线甚至可以跳过树梢，眺望远处齐云山的山峰美景。

树屋的房间面积设计得不大，甚至是极小，房间面宽进深和层高均只有 3m，面积也只有 9~10m²。但是房间端头的玻璃窗却占据了屋内整个景观面。居住者虽居住在小室，其注意力却被引导去了窗外广阔的森林。

树屋采用钢结构，建造方式和建造一栋钢塔楼的结构非常相似。中央旋转楼梯的筒体是建筑的主体结构，也是结构核心筒。在建造完主体结构之后，房间结构部分以悬挑的形式由下而上依次连接在核心筒上。整个树屋和山体面接触的部分只有核心筒的 4 根工字钢柱和支撑展廊部分的两根圆形钢柱，

其余地面部分由山体景观覆盖。整个树屋仿佛悬浮在林间一般。

树屋立面材料选定为西部红柏木条，并刷桐油保护。西部红柏木料作为建筑立面的主要材料，它的颜色会随着时间的变迁发生变化。刚建成的时候会展现非常鲜艳的木色，随着日晒雨淋会慢慢变白，最后逐渐变灰变暗，树屋的颜色也就会渐渐和周边树干的颜色融为一体。■

1	2	5
3		
4		6

1　木平台视角

2.6　提供不同视角的观景房

3　平面图

4　立面图

5　入口

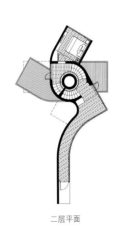
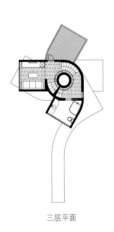
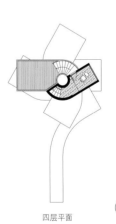

一层平面　　　　　　二层平面　　　　　　三层平面　　　　　　四层平面

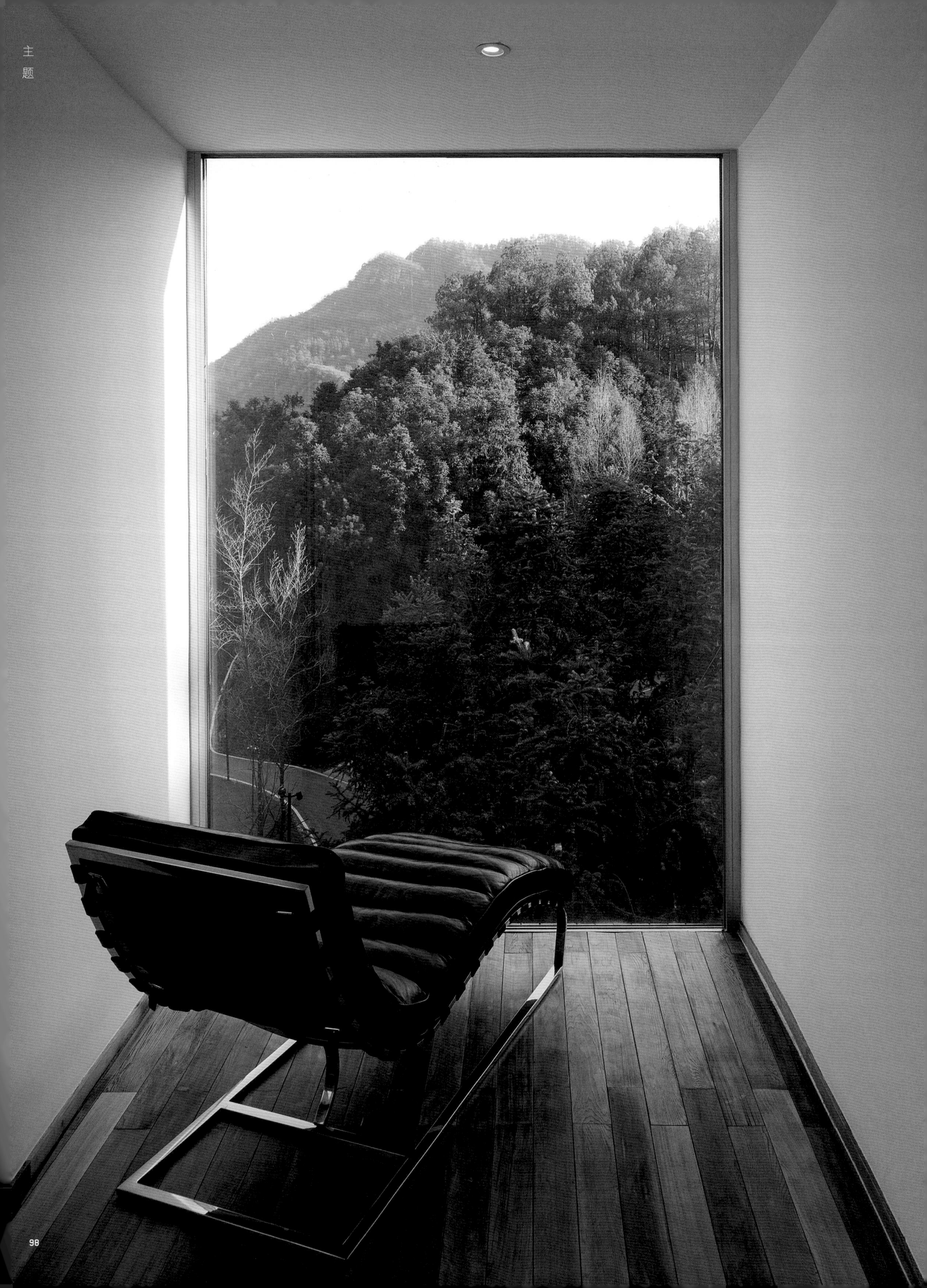

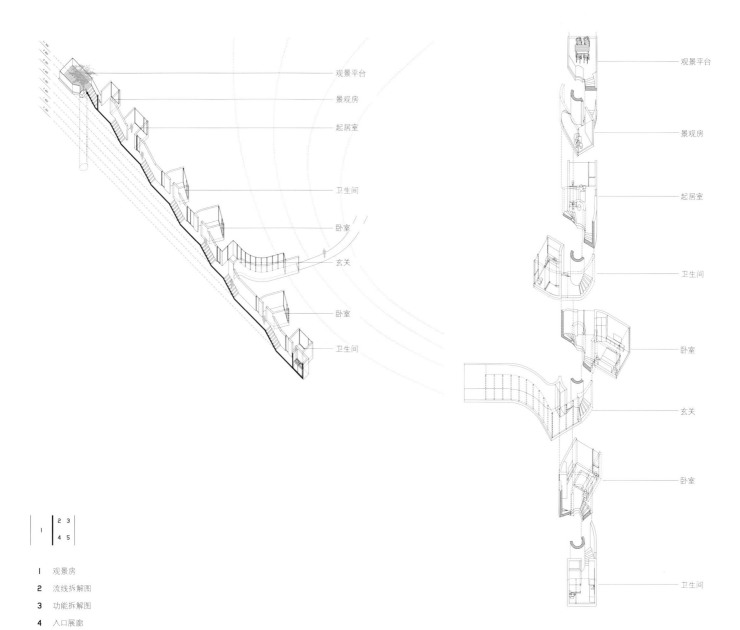

观景平台

景观房

起居室

卫生间

卧室

玄关

卧室

卫生间

观景平台

景观房

起居室

卫生间

卧室

玄关

卧室

卫生间

| 1 | 2 | 3 |
| | 4 | 5 |

1　观景房
2　流线拆解图
3　功能拆解图
4　入口展廊
5　螺旋楼梯

乡宿上泗安
SHANGSI'AN COTTAGE

摄　　影	侯博文
资料提供	旦建筑

地　　点	浙江长兴
建筑面积	1097m²
建筑师	范蓓蕾、孔锐
团　　队	薛喆、章迅、陈晓艺、罗祎倩、刘洋、陶舒婷、雷欢玲子
类　　型	改造
功　　能	酒店
设计时间	2015年5月~2015年12月
竣工时间	2016年2月

1　1-4 号院公共路径

2　1-4 号院鸟瞰

3　1-4 号院客房区改造前

4　5 号院改造前从对岸看

5　6 号院改造前

6　1-4 号院整体模型西北向

上泗安村位于太湖西岸，泗安塘穿村而过，一座清代石桥连接两岸。桥头的树荫和凉亭构成了村中最重要的公共空间。

业主挑选了散布在村中的 6 栋房子，希望将它们改造成分散式的乡间酒店。这些房子有建于清末的木屋，有杂物仓库，有贴瓷砖的二层小楼以及一个刚落成的位于石桥北侧的仿古小展厅。我们将最靠近石桥的小展厅，改造成为整个酒店的起居室，提供图书和茶点，并向村民开放，其他几栋则改为客房。

这些房子散布在村子里，没有边界，也没改变村子原有的道路系统，只在铺地上做了一些暗示，村民仍可穿行其中。由于房屋现状复杂，我们并没有预设一套统一的手法，而是尽量回答现实所提出的问题。一座危房拆除并重新设计，瓷砖小楼调整了内部功能和内外关系，木屋则只是进行加固。村中心的小展厅，我们用植被和坡地替换了原来颇为城市化的花岗岩大台阶，再用轻质的棚架搭起了一个户外歇息的空间，村民和游客都可以在这里喝茶聊天，环绕的溪水缓缓流过。END

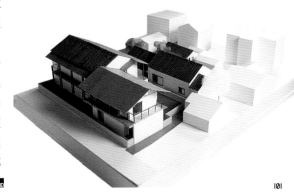

	3	4
1		
2	5	

1　1-4 号院室外

2　1 号院旧屋室内

3　1-4 号院一层平面

4　5 号院一层平面

5　1-4 号院新建客房

| 1 | 2 | 5 |
| 3 | 4 | 6 |

1　1-4 号院二层走廊

2　1-4 号院新建客房山墙

3　4 号院二层室内

4　6 号院钢结构加建

5　6 号院客房室内

6　5 号院室内

八分园
EIGHT TENTHS GARDEN

撰　　文	袁牧
摄　　影	CreatAR
资料提供	Wutopia Lab

地　　点	上海
建筑设计	Wutopia Lab
主持建筑师	俞挺
项目建筑师	葛俊
设计团队	戴欣旸
施工图单位	上海杜鹃工程设计与顾问有限公司
施工图团队	周猗莲、陈国华、杨雪婷、马欣宇
室内设计	上瑞元筑设计顾问有限公司
室内团队	范日桥、张哲
景观设计	苏州未相景观与城市设计事务所
景观团队	郭文、倪智超、包宇
室内/景观顾问	俞挺
业　　主	史惠娟
建筑面积	2 000m²

I 2

I 主体建筑与园林
2 垂直鸟瞰

一段延绵 43 年的魔都传奇，一次江南古典园林的空间创新。明清数百年的造园传统竟在特大都市城乡结合部的旮旯里大放异彩，立下了一块早应出现的里程碑。

故事开始于 1973 年，18 岁的谢党伟进了上海久新搪瓷厂当喷花工，6 年后当选上海首届"新长征突击手"，次年成为厂团委书记。又数年，担任厂长，期间邂逅史惠娟，得子谢贤。史惠娟 1993 年离开搪瓷厂，投身当时刚刚兴起至今势头不减的上海房地产行业，几年后已是行业佼佼者，2001 年当选上海市"三八红旗手"。

2002 年史惠娟成为华江公司总经理，一手主持开发了嘉定区江桥镇最早最大的房地产项目嘉城，从此她的事业伴随上海的城市化进程蒸蒸日上。同年，上海产业结构调整，久新搪瓷厂关闭，谢党伟成为了这家 70 年企业的最后一任厂长。

谢党伟不忘搪瓷梦，数十年坚持收集了数千件搪瓷制品，在寸土寸金的上海，殊为不易。所幸近年居住条件的改善，搪瓷收藏也逐渐为社会认可，得到家人更多的理解支持，走过了人生中最低谷的十年。

然后，为了一次老建筑的改造，要创造美好城市的建筑师、不忘搪瓷梦想的老厂长、开发了嘉城社区的女业主、留学归来的设计师夫妇等等众多身影相聚于此。

最后，一切竟恰好完成于中国搪瓷百年之际，令人感慨命运的神奇。

2013 年起，原嘉城售楼处已经完成了使命，沿街部分出租之后，不临街的剩余部分卖给了史惠娟，但建筑的用途还不明晰。所幸在做了若干不甚满意的设计之后，2015 年中，遇见了俞挺。

知晓了前情的俞挺，敏锐地预见了荒废的售楼处里潜藏的八分园。他当即建议将八分园的庭院和展厅向公众开放，给周边街区注入公共文化的活力。原本面目模糊的建筑功能，变得清晰而具备更大的社会价值。在建筑学界，通过展厅、咖啡馆、创意产业、众创空间等公共功能，激活社区文化生活，并不是新奇的想法，也正是俞挺的强项，但这一次他走得更远。

大家经过讨论决定，将中国搪瓷百年展作为八分园首展，并考虑保留一部分作为永久陈列。这或许是这些搪瓷藏品最佳的去处。

另一个巧合是，上海书画院当时正在筹办建院六十周年系列文献展。作为其创办历史的一个重要环节，当年最著名的一批画家赖少其、程十发、唐云、周炼霞等曾下基层搪瓷厂亲手画过一批搪瓷盆，但画院一直找不到原稿。在俞挺的介绍下，恰恰躺在谢党伟抽屉里的这批搪瓷盆绘稿，最终成为了展览中的特色专区。

而并非巧合的是，在八分园设计开始之后，曾经对搪瓷不感兴趣而学了服装设计、从意大利留学归国教书的谢贤，主动与父亲一道成立了玖申搪瓷，开始了他的艺术搪瓷创新。

当 2016 年中国搪瓷百年展开幕之际，八分园的俨然成为了一座搪瓷博物馆，史惠

娟也注册了以八分园为商标的公司，而玖申搪瓷的办公地点，就在八分园的三楼。

在俞挺向我讲述这段故事的过程中，我也跟着他游遍了八分园，这个故事完成的地方。

初访

第一次来到八分园，是春节前一个晴朗的下午，乘车沿着嘈杂拥挤的曹安公路从市区往西，刚出外环不远便到了嘉城社区。街角一丛浓密的树林，完全遮住了八分园的入口。绕过绿化，一面八分园的指示牌指向了一片竹林。

这里只有八分地，我又信奉"做人八分即可，不必满"，所以就叫"八分园"，俞挺如是说。

穿过竹影密布的弯曲小径，便是简朴的前院，里面只一棵树，锐角的门房边缘正对院门中线。应当是无意吧，我想。倒是条石铺砌小径简洁而颇有古风，在灰石子铺地中随形绕过门房，带我们来到中心庭院。

里面是一处正三角形的庭院，边长30m左右，由三条两层商业用房围合而成，我正站在它的东南角，面前赫然一座形如白色灯笼般轻盈的圆厅，占据了庭院北部，只留得南边一片不大的空间。

庭院虽小，意趣尚佳，一池碧水居中与白灯笼相接，倒映着蓝天、翠竹和白色的折面穿孔铝板——也就是白灯笼的外立面遮阳系统。水边散布着颇多湖石，南岸中部一棵光秃着枝丫的朴树占据整个庭院的中心，与白灯笼相隔水相望，冬日阳光下的树影落在白色遮阳板上，清淡中略带萧索。

树池水面四角均以叠石成水涧，造成水源深远的感觉，每角设石桥一座，各不相同，西端桥外更有一座一人高的叠石瀑，点出池水之源。瀑布之后则是细密的竹林，如此三层作为对景的结束，不失隆重。

原以为有池有竹，是向十里之外的古猗园致敬，毕竟嘉定区坐拥上海五大古典园林中的两座（古猗园和秋霞圃），但俞挺坦言这处小小庭院只是依照交通流线设定路径，再以江南园林必备的水、石、竹、树四样元素，随意排布而得，并无深意。

但俞挺显然熟稔造园理论，水面聚而不散，且位于主厅之前兼做倒影，游线绕山池一周兼顾穿越水面，入园前欲扬先抑，庭院与展厅首层通透交融，对景层次叠加控制，这些都有明文载于造园名著之中，如教科书般经典。整个庭院看似信手拈来，其实深谙经典造园之道，因而这等故作随意的话我自是不会信的。

然后俞挺就开始给我介绍他十分得意的

外围格栅，我才注意到周围三面的黑色金属。

第一重 内外

《园冶》有言："俗则屏之，嘉则收之"，八分园外正是曹安公路的商贸物流带、上海外环的城乡结合部，更有高压走廊从门前海蓝路上空穿过，周围景观，堪称极差，若按古人所述，应当高墙深院封死，才符合"市井不可园也；如园之，必向幽偏可筑，邻虽近俗，门掩无哗"的要旨。但《园冶》同样也说"夫借景，林园之最要者也"，围墙正是第一层内外分野，如果不借外景，又有大碍。于是俞挺在此没有彻底隔开内外环境，而采用了半通透的折中方式，以简单而轻薄的钢架格栅，将庭院围合，也部分遮挡了外部建筑的后墙，使之变成碎片化的若隐若现，同时避免了对其通风采光的影响。

格栅自身疏密随机分布，构造也极其简单，正是他一贯的"举重若轻"。格栅的黑色也和刻意不做粉刷的后部白墙形成对比，凸显出内外之别。很明显，这样一种通与隔的调和、内与外环境的对峙，其实正反映了俞挺对于城市的态度，在对比、调和的内外交融中，保留一种更大的可能性。

我表示这条码形式的格栅确实还不错，但没想到，这层格栅只是旅程的开始。

第二重 阴阳

外格栅划出了内外界限之后，庭院的主角方才登场，也就是圆厅的白色遮阳幕墙。这一层悬空的白色梅花孔铝板如折扇般展开在弧墙外，并与黑色格栅一起围合了庭院。

这时候俞挺继续讲解他的理念：白色折面弧形与黑色平整直线形成充分对比，按他的文学化语言就是"对偶"，与隐喻、象征、排比等修辞类似，也是他的长生殿项目里曾用过的。说起来第一次看到长生殿的介绍，我还是着实仔细研究了一番的，最后读懂了"对偶"的意思，其实可以用另一种古老的语言来描述这种理念，"阴阳之道"。

阴阳之道可不是小事情。

中国美学起源于老子，老子创立"道"的美学，有无、虚实。另一个来源则是《易传》的美学，阴阳、刚柔，"一阴一阳之为道"。这两种思想还共同构成了中国古代哲学辩证思想的源头。老子与易传在庄子手中合流，以意与象、美与丑二元对立统一的基本结构，形成了中国传统美学的核心来源，深刻地影响了整个中国艺术史。

学术语言再晦涩，也掩盖不了对中国文化本源的回归。

当阳光将庭园切成两块，白色幕墙朝阳而越发明亮，黑色格栅背阴也更加黯淡，各占一边，阴阳两隔，赫然眼前。

看到这里，说实话这两面墙确实做得干净漂亮，对得起他给自己的八分，如果不是更高的话。然而万万没想到，这种充满张力的对立统一，将会反复九次出现，形成这小小园林的九重天。

第三重 刚柔

细看庭院，自然看得出俞挺的用心。

白色幕墙与黑色格栅统一成的围墙，进而和其中的古典庭院形成了表与里、高与低、今与古、工业与自然的刚柔相济。

四周黑白围合高耸、硬朗，冰冷的金属环绕四周；内里的庭院则低缓、柔和，湖石翠竹一池碧水，恰如同现代美术馆冰冷玻璃柜里的一幅古画。庭院越是依照古法、自由随心，形成的对比就越强烈，我几乎肯定这就是俞挺没有将庭院做成现代风格，也没有

将围墙做成传统式样的原因。

"这又有一层对偶嘛。"我说。俞挺笑笑，不说话。看来还没完，转完庭院，便进大厅。

第四重 虚实

陈从周先生曾言"古人造园常以建筑开路，私家园林，必先造花厅"，恰合本案过程。庭园本为建筑服务，圆厅于八分园，正如远香堂于拙政园、涵碧山房于留园，以厅堂形成庭院景观的基点。

幕墙围成的庭院与圆厅建筑的实体，自然形成了虚实咬合的构图。虚实之间，白色遮阳系统再次成为关键界面。俞挺说本来想采用半透明塑料板，因业主对材料耐久性的担心，换成了穿孔铝板，但基本逻辑不变，即以半透明界面，沟通虚实两端，而避免绝对隔离。这也是他在"一个人的美术馆"里用过的招数了。

圆厅上部出挑，底层内收为外廊，同理取得了形体上的虚实咬合，内外空间形成了虚实相生的态势。当然很少有人拿着阴阳鱼去做设计，但也很少有人躲得开那虚实咬合

1　捷瓷展厅
2-4　楼梯

的根本形式，这是美学规律的一种必然。

从庭院中走过石桥，推门进入大厅，阳光穿过遮阳板、外廊和方圆渐变的展览架柔和地洒在整个大厅里，半透明遮阳的意义表露无遗。

大厅之内，果然还有玄机。透过琳琅满目的陶瓷展览，我一眼便看出建筑师的意图。

大厅加固所需的四根立柱，似乎破坏了大厅的空旷，却被巧妙地用来形成了一条垂直于西北条屋的中轴线，使原本没有方向的圆厅，获得了方向感和仪式感——这是关肇邺先生做北大图书馆的定位大法，没有轴线就无法安定。相应地，原本偏位的大门被改到轴线开始，并以外面的石板桥作为前导接入庭院；圆厅西北两根侧斜柱及旁边立柱形成的局促空间，被围作一对方室，犹如双阙；西侧外墙正对轴线开出一扇月门，兼顾古典意味且与圆厅平面呼应；月门之外，是很浅的后院，一面粉墙、一枝青松、一块顽石，如同一幅古典扇面，形成颇具意蕴的轴线尽头。

但上了楼才发现，轴线的塑造还不止于此，

在三层，俞挺告诉我，他力排众议保留了东南正中三个开间的阳台。我当然看得出这三开间阳台是正门上隐形的古典门楣，即便在外部并不能清晰看见，但如果置身阳台之上俯瞰庭院，便会感到轴线又增加了一个维度。

至于内部空间的另外一个插曲，则是隐藏在西南角的几间茶室，其实就在庭院西端竹林之后。从入口看不清竹林背后，从茶室却能透过竹林看见整个庭院。当一排隔扇门全部打开，展厅流线从此处再回到庭院，形成了一层闭环，与庭院内水池环路嵌套。

这确实很好，巧妙而隐蔽。

但若止步于此，八分园固然还算精彩，也只八分而已。

第五重 动静

庭院与圆厅构成了私家园林兼美术馆，能够对外免费开放，这已难能可贵；但上了四楼才发现，更精彩的是公共空间之上还有隐秘居所。

俞挺默默带着我从三楼展厅继续上楼，一声不响，直到一组精巧的居室毫无预兆地

出现，我才明白，他憋到现在没有剧透，为的就是这一刻的惊喜。

确实出乎意料。到了这一层，八分园就不止八分了，而是两个八分。

楼梯终点，黑色钢板限定出高狭的门洞，门内是前厅的照壁。顶部的圆形天窗标定了楼梯的终点和本层的起点。容易忽略的是，门厅照壁低处一条通宽的矮窗，隐约透出相隔两层的中心庭院，只能从楼梯中段窥见，层次丰富而隐晦。右手一方露天侧院，枯石翠竹衬白墙，又把顶部圆窗变作了画中明月，也构成本层的序幕。

回头穿过内门，正对白墙上一条竖窗，借景墙外另一小庭院；进门右转，才是起居室和餐厅。起居室正中一条长方形天窗，与之对生的是里侧一方工整的露天四水归堂枯山水庭院。因在顶层之故，从室内外看，如同在传统的单层四合院之内，又仿佛置身萨伏伊别墅的屋顶花园。庭院仍然是黑白色调，黑色地面与白色砂石，白色吊顶与黑色檐口，又是一对黑白相映。

庭院三面通向的是五间精致的卧室，每

1.2 卧室观园

间自带三角庭院，正合五行之数。本层已是园中之园，层内再设一群小院，即是"园中园中园"。每个小院外围都是白色折面遮阳板，于是又与下面的中心庭院相遇，形成不知道是第几个闭环。

江南古典园林往往依托住宅而建，才有《园冶》所谓"傍宅地"。"宅傍与后有隙地可葺园，不第便于乐闲，斯谓护宅之佳境也"，这种私家园林本质是住宅的延续和扩大，因而必须同时具备庭院和住宅才成为完整意义上的园林，如网师园、留园皆是如此。若无住宅，则园林不生气。而本案的立意，终在傍宅。

单只这一层精巧居所园中园，布局妥帖，层次丰富，已经令人惊喜；更重要的是上层的私密宅院与下层的公共空间，构成了完整意义上的城市古典园林，园宅相依，动静互补，循环往复，再现了古典园林的全套功能空间结构，当真出人意料。尤其入夜之后，秉烛夜游，这里成为一座生气勃勃的真正园林。

至此，空间之精彩已无需多言，回想全程，空间在时间中展开，时间在空间中凝固，仿佛一卷立体的《韩熙载夜宴图》。

"当然要在这里办一场盛宴，厨师我都帮业主找好了，"俞挺说。简直就是为举办宴席量身定做的园林，但空间的盛宴，更令我垂涎欲滴。

第六重 真幻

游览到此，本应曲终人散，功德圆满，转身下楼。不料俞挺却叫住我，说要上屋顶。

于是从中心庭院经过一段狭窄逼仄的楼梯上到屋顶，出头一看，豁然开朗，竟然是一片绿油油的菜园，全园境界为之再升。

归隐田园本是中国文人自古以来的理想，故有陶渊明的田园诗千古流传。但自古又有大隐于市之说，二者并不容易调和。八分园顶的这一片菜园，固然可以美化城市景观，也确能提供安全可靠的蔬菜来源，但最重要的显然并不是这些俗事，而是对中国传统田园理想的隐喻，在已经完备的园林结构之上，再做升华，从城市园林的小中见大，升格到田园归隐的亦真亦幻，所费无多却一举三得。立意朴素有力，堪称神来之笔。

同时在空间上，这里也形成了更大的轮回。从底层外部街道与庭园的交融，经过漫长的内部游线，最后完结于屋顶菜园对周围整个城市的环视，纵然纷乱嘈杂，却有重回人间的感觉，也形成一个完整的循环———个把整个城市天地纳入其中的循环。

这一重园林与田亩的对偶，也是田园与整个城市的对偶。

"这栋建筑最精彩的角度，一定是顶视航拍吧？"我问。俞挺笑而不答，就下楼去了。

总结全园空间，我又想起陈从周先生在《说园》的篇首就指出"造园有动静之分，小园宜做静观"，但八分园反其道而行，园虽小，妙处却全在空间流转，岂非矛盾？

但陈从周还说："园林中的大小是相对的，空间越分隔，感到越大，越有变化，以有限面积，造无限空间，因此大园包小园，即基此理"，那么小园也可做大，大了即可动观，这才自圆其说。人对空间的感知来自层次，而非绝对尺寸，八分园正是用层层分隔的方式，来达到小中见大的效果。

但这还不是主要因素。

更重要的前提是现代建筑能够实现更高效紧凑的立体空间，将传统园林流线压缩进狭小地块，同时还产生了平面园林无法实现的复杂空间关系，增加了一个维度的空间分隔，这才是八分园小中见大的关键。

我想如果古人能掌握现代建筑的结构技术，也会这么做的。

回顾全园空间流线，精心安排了"（｛[（格栅＋遮阳＝院墙）＋内院＝庭院]＋圆厅＝园林｝＋居室＝宅园）＋菜地＝田园"六层嵌套结构，前四层显而比后两层隐，层层倍增，

1　起居室
2　处处有园
3　餐厅

丝丝入扣，将中国传统园林空间和功能结构彻底立体化，手法精妙，叹为观止。

这是否是过度解读呢？当然不是。因为这种针对空间结构的研究和设计方法，长期以来就是建筑学研究的核心部分，是建筑师精心谋划、刻意为之的成果。

空间是建筑的核心，更是园林艺术的精华部分。这种立体流线的空间设计，未见于传统园林，却深得园林要义。勉强举例只有晚清的扬州何园有比较多的二层空间，但较为简单。并非园林但同样将传统平面流线折叠为空间流线的则有姚仁喜的养慧学苑，也是非常精彩的案例，可做本案的参照。

提炼出纯粹的传统园林空间结构，并转换成立体结构和流线，创造一种新的现代园林空间结构，这正是对传统园林空间现代化最为顺理成章的方法，本应早有案例才对，但反复搜索之后，我才确定并无先例，那么这就只能承认这就是八分园的首创。

这一在中国古典城市园林的发展史上早应出现的空间继承和创新，终于在小小的八分园中首次成为现实。

这种根植于三维空间结构和流线的设计，无疑直击建筑的本质和传统的精髓，却很难用照片去表达。八分园的复杂空间，需

要精心设计的运动路线和连续的多角度观看，才能充分感知和理解。因为人眼只能获取二维图像，对三维立体事物的感知，本质上依赖于对运动中连续变化的二维图像的处理整合，也就是脑补。传统园林基本为平面展开，尚可用鸟瞰图意会，但以立体流线复杂穿插、空间层层递进的八分园，则已不存在用静态照片充分描述的可能，因此即便看过本文，也需亲临现场才能真正体会八分园的空间创新。

与空间结构的精巧严谨形成鲜明对比的是俞挺刻意采取放松的态度来处理细节与外观，这也是他反复跟我解释的理念："刻意摒弃视觉的统一性控制和所谓的建筑逻辑"。例如底层黑格栅的设计，只遵循大致的疏密，并不做精密安排，甚至建造也是按照广告牌结构而非正规幕墙来做，节省了很大成本；白色遮阳系统的构造，也简单直接，谈不上太多的精巧雕琢；水院的叠石铺路，看得出随机松快；室内的布置、后院的陈设，也多听取业主的意见，并不做太多干涉。当然，对于造价大幅超支仍然全力支持建筑师创意的业主来说，这缓解了成本压力，但这绝不是建筑师对造价的妥协，而是一种态度。

对于了解中国艺术的人来说，这根本无需解释。

这种态度与西方主流现代主义建筑思维背道而驰，却恰恰根植于从庄子到文人画两千年中国美学传统，是对刻板束缚的对抗。这种放松与随性的前提，正是前述精巧严谨的空间结构与流线。也正是这种放松，不但节约了造价，也带来了大量丰富的细节与惊喜，显示出显著的自由度和复杂性，凸显了中国园林的自由精神。如《园冶》所言："若匠惟雕镂是巧，排架是精，一梁一柱，定不可移，俗以'无窍之人'呼之，其确也"。

第七重 形神

若仅限于建筑，那八分园纵然空间精彩，却还是缺了点什么。

是的，每一件精彩建筑作品背后必定还有更精彩的人的生活，否则将徒有躯壳，没有灵魂。

毫无疑问，谢家三口的人生经历与生活道路，是八分园诞生的原因，也是八分园包含的内容，更是八分园持续下去的动力。另一方面，建筑也不可避免地影响到生活本身。生活和建筑，是相互依赖、相辅相成的关系。好的建筑师更能够创造生活，进而创造更好的建筑。

俞挺在对建筑的改造设计中，尤其着力

发掘并推动了业主家庭将其人生历程注入到建筑中，而他们的全心信任、参与和维护，也赋予八分园独特的活力。安藤忠雄曾经感谢住吉长屋的业主以几十年不变的生活方式对他建筑设计的支持，但在八分园，生活和建筑却是更融洽的互动依存和共同生长。

建筑为形，生活为神，达到了生活与建筑融合的层面，八分园才显得形神兼备，拥有成为周边社区乃至全上海文化地标的可能。

第八重 体用

谢党伟一家的生活，起于搪瓷，终又再次凝聚于搪瓷。

但搪瓷不只是搪瓷。

搪瓷折射出的是上海的历史光芒。

搪瓷，又称珐琅，以瓷釉烧制在金属制品表面而成，是一种古老的工艺制品。中国近现代搪瓷工业起源于 1916 年的上海，从此与上海结下不解之缘。

上海曾以轻工业发达著称，搪瓷不失为轻工业中颇具文化特色的一个门类，并在中国 20 世纪七八十年代的日常生活中扮演过重要的角色，形成了深厚的集体记忆和广为人知的文化符号，但近年来已经逐渐淡出人们视野。与我们的日常印象相反的是，其实高端搪瓷产业仍然发展良好，潜力很大，只是国产搪瓷以出口为主，在国内市场出现较少。

如今的上海早已转型为金融中心，并将文创产业作为未来新的支柱产业之一，搪瓷转身成为工艺美术的一种再次回到上海。无论是工业品的搪瓷，还是工艺品的珐琅，都染上了上海的色彩。当八分园决定以百年搪瓷展为首展，当艺术搪瓷作为文化创意产业入住八分园，八分园也就被赋予了一种来自产业的"上海性"。

在八分园的故事里，从谢党伟的老搪瓷到史惠娟的房地产，再到谢贤的新搪瓷，产业为体，生活为用，产业改变了他们的人生轨迹，也使这个小家庭的生活溶进大上海百年历史进程。八分园正是他们家庭的产业和上海时代发展的交汇点。

也正因为发现和顺应了上海的时代进程，八分园才拥有了更多的意义和可能性。

第九重 道器

只要是了解俞挺的人，都会知道城市才是他的目的。

八分园的意义，是作为城市微空间复兴计划的一部分，寄托了他对整个中国城市化进程的关注，和用建筑学推动社会发展的学科升级野心。

如何通过建筑学去改变城市，正是俞挺在这一场鲜活的建筑实践中发现、表达、追问和实验的东西，这也是整个建筑学界在当下这个世界和时代前所未有的剧烈转型中困扰、迷茫、求索、探寻的东西。

俞挺和戴春从 2015 年开始致力于城市微空间复兴计划，旨在通过设计实践发动设计师与市民，推动城市发展。这源于他对生活、对上海、对建筑学所秉承的信念。

他相信城市作为一个复杂系统的价值，相信"建筑可以作为一种技术和审美的综合力量而介入生活，最后创造出精神和真实世界的双重美丽。"于是他以"因地制宜，就地取材，信手拈来，自由自在"的设计原则，完成了一系列微小但深度的作品，扎根于城市生

活，以"碎片化的存在"来推动上海发展。他相信以建筑学的道，最终可以改变城市之器。

如果说俞挺早期的作品，从中国最早的中式楼盘九间堂到拙政别墅、东园雅集、海门会所，一直在通用意义上探索中国传统建筑现代化的宏大叙事，那么近年来的旮旯酒吧、长生殿、钟书阁、一个人的美术馆、水塔之家，则是在具体的、细小的日常生活中身体力行改变真实的上海。

这两条主线，在八分园交汇到一点。

八分园不但在建筑层面实验了中国传统园林空间的纯粹抽象与变形，也在行为层面将建筑师、业主的人生深度注入，遍及建筑的建造、陈设、餐饮、运营各方面。在前述六层空间结构之上，他给八分园注入了生活、产业、城市这三层文化结构，才最终使项目血肉丰满。这已不是一般意义上的建筑设计，而是用双方的生活去孕育一种根植社区的市民文化。一旦这种市民文化历经众多家族几代积累，普遍发生发酵繁荣起来，整个城市文化也将会生长到惊人的高度。

当我们以市民文化和城市生长的角度去看八分园，那半通透的黑格栅围墙，对公众开放的私人庭院和展厅，顶部一览无余的菜园，才变得合情合理。园林的初衷，就是成为社区的文化地标和公共客厅，外部环境的嘈杂粗陋，不但不是隔绝的理由，反而成为开放的动力，从这一点文化开始蔓延，逐步提升整个社区。

这种以生活的深度注入来产生园林的方式，恰好也是中国传统园林的内在逻辑。

而以个人和家庭之力推动社会的发展，又何尝不是中国传统文人士大夫的社会理想？这种理想，将可能在未来建筑学的发展中找到支点。

城市的思考

本文最终想探讨的其实是建筑学的未来。

时至今日，建筑设计市场随着中国城市化放缓而逐渐饱和，建筑学有沦为形式游戏的危险。而另一方面，城市的发展却日渐复杂，随着信息化、互联网、智能化技术的发展，显然即将迎来更大的机遇。这让我们不得不重新思考建筑学在当下的危机和未来的命运。

在围绕着八分园的众多角色中，首先是建筑空间、业主家庭以及建筑师所蕴含的独特质料，进而是生活、产业和城市发展。通过无数更多的八分园，更多的城市微空间复兴计划，也许我们就能够窥见未来建筑学的雏形和它可能拥有的力量与使命。

"这座城市，象征地看，就是一个世界；这个世界，从许多实际内容来看，已变为一座城市。"

城市是人类文明的最高凝聚，被芒福德称为"人类的化身"。建筑学从来都不应该是只关心单体建筑物的学科，"任何单体建筑物和城市命运之间最终都有某种联系"。城市，才是建筑学的未来。

那么，什么是城市的未来呢？

建筑学里最著名的三种理想城市理论：广亩城市、田园城市和光辉城市，分别代表了分散、折中和集中三种方向，但其中芒福德倍加推崇的霍华德的田园城市，似乎并未成为主流；他视为畸形的特大城市，反而在中国愈发繁荣。或许是因为不断推进的当代科技和高速发展的中国经济，大容量公共交通、信息科技、不断进化的政治经济社会形态，为中国的大城市发展提供了可能性，目前看来，中国当代城市化基本形成以特大城市为核心、密集的城市群作为主体，辅以周边大量的小城镇作为支撑的多层级市镇结构。经济发展强力推动着中国的特大城市继

1 屋顶
2 城市蓝天下通透纯洁的表皮
3 从城市角度望"八分圆"

续提高密度和规模，虽然出现了众多困难，但步伐并未停止。

以我有限的浅见，作为人类文明金字塔的顶端，只有特大城市对人口、资源的最高度集中，才能支持更大规模、更高效率、更复杂的社会分工协作，产生更高层次的科技、商业和文化，承载整个人类文明再升级的重任。如果只是为了美好的生活，并不需要大城市。但如果要取得文明在百尺竿头的更进一步，超大高密度城市则是最佳的实验室和反应堆。

上海，无疑是中国发展程度最高的城市，上海城市的提升和再突破升级对整个国家都意义重大。

但特大城市在满足超大规模、超高密度的同时，要保持高效率和高质量的运转，却绝非易事。城市建筑群作为城市文明的躯体，势必需要继续提升以适应城市发展需要，正如同建筑物为其内部功能需要调整形式和结构。虽然目前中国城市大规模新建的热潮已过，但建成环境远未完善，因为城市体量极度巨大，情况极其复杂，建筑环境整体品质还相对低下，建筑学在城市更新、完善、提升层面的空间极其巨大。

作为开放复杂巨系统的高密度特大城

市，不可能用简单的传统规划手段来管理。

早期建筑学理论也曾将城镇规划视为空间形态的设计，但从 20 世纪 60 年代开始，学界开始将城市视为"不断变化且相互联系的功能系统"，更多强调规划的价值属性和政治属性，规划师成为协调各方利益的协调者。在国内，钱学森为代表的一批学者也提出用开放的复杂巨系统思想去研究城市。但对现代特大城市这样复杂的系统，研究只能说是刚刚起步。

但复杂性科学的研究也提出了很多可行的思想和方法，例如共同进化、分布式、自下而上、模块化生长、多目标等等，对城市研究很有价值，更多的方法和技术也在逐步探索中。随着当代互联网、移动通信、大数据、人工智能、物联网等科技手段发展，整个城市将被连接成遍布神经网络的智能系统，城市或许可能以网络集群进化的方式自我提升。

在此基础上，建筑学已经可以有所作为。

建筑师所受的建筑学教育，本身具有复杂系统性的特征和综合学科的优势。作为对城市、建筑和社会生活有更多思考的建筑师，应当投身城市发展，以个人的具体实践修补和提升城市空间，改善城市生活。如果有大量类似的行动，则很有可能推动整个城市的

进化式发展。

这样的建筑师角色，必然需要深入城市的复杂体系，深入各行各业的深度运行，深入市民日常的生活，把自身变成城市运转的微小动力源、事件分析决策者、集体智能的组成部分。也许未来城市的建设、发展和完善，也不会再是大拆大建，而是在与产业和生活互动的过程中，深度适应人的需要，持续新陈代谢和动态迭代，成为一种有活力的、能适应和推动整个城市中人群社会向更高层次发展的复杂机体。

结语

"城市最终的任务是促进人们自觉参加宇宙和历史的进程。城市，通过它自身复杂和持久的结构，大大扩大了人民解释这些进程的能力，并积极参加来发展这些进程……这一直是历史上城市的最高职责。"

"如果生命的力量集聚在一起，我们将能接近一次新的城市聚合过程：亿万觉醒的人民，团结一致，建设一个新世界。"

这几乎正是城市微空间复兴计划所选择的道路。

八分，是谦逊的表达。但在周易的格局里，八分已是全部，无尽流转，生生不息。■END

解读

四叶草之家
CLOVER HOUSE

摄　　影	Fuji Koji, Dan Honda
资料提供	MAD
地　　点	日本爱知县冈崎市
主持建筑师	马岩松、早野洋介、党群
设计团队	米津孝祐、李悠姣、藤野大树、Julian Sattler、Davide Signorato
业　　主	奈良健太郎、奈良珠纪
建造商	Kira Construction INC
结构工程师	永井拓生
基地面积	283.28m²
占地面积	133.76m²
总建筑面积	299.63m²
竣工时间	2016年

1　幼儿园的山洞式入口从三层一下降到了一层，形成宜人的临街体量
2　建筑与周边建筑关系和谐

　　四叶草之家位于日本爱知县冈崎市，是一所由家族经营的儿童教育机构。为了向社区更多的少儿提供教育服务，幼儿园的经营者当初决定将全家居住多年的房屋拆了，在原有的地块上建起新的幼儿园。对于这个诉求，MAD创始合伙人马岩松说："我觉得为这座幼儿园创造家庭的氛围很重要，所以我们决定不直接建造全新的建筑，而是保留原有建筑的木结构，让它成为新空间记忆和灵魂的一部分。"MAD的设计保留了原房屋的主体木结构，并在外部加建白色的"帐篷外壳"，形成了充满未来感的内外开阔、整体围合的家庭尺度空间，使孩子们可以在这座同时拥有过去、现在、未来的场所中学习、成长。

　　建筑前身与其周围住宅一样，是传统的日式双层全木结构的装配式成品房屋。MAD的设计保留并加固更新了原房屋的木柱和坡屋顶木框架，使其成为新建筑的一部分。这样的设计充分诠释了空间使用者的情感诉求：一方面既表达了主人对房屋过往带来的家庭式情感的尊重，另一方面也可让孩子们有机会触碰这承载着社区记忆的印记。新建筑的另一侧是新建的与旧有木结构相连的三层空间，设有起居室、厨房、卫生间、工作室等，供幼儿园日间运营工作、幼儿园运营者及家人居住所用。

　　在主体木结构的外部，MAD设计了一顶全新的白色沥青"帐篷外壳"，犹如一块布一样包裹着内里老的木结构，就像是一座充满了抽象未来感的"白色城堡"。"城堡"整体纯洁但不失天真活泼的外表，与周围传统房屋产生鲜明的对比，又与乡间稻田、来往人们相映成趣，轻快明朗但毫不突兀。处于街道转角的入口，就像是山洞的入口，通往神奇的未知空间，待充满好奇心的孩子们入内探寻究竟。从室内二层，孩子们可以通过滑梯回到首层小庭院，犹如奇幻探险旅程完结后重回现实，这都将会是孩子们最珍贵的童年回忆片段。

　　新的"帐篷外壳"和旧有的木结构造就了有趣的室内空间。建筑一、二层为小朋友们日常学习、活动的场所，加上自然光通过屋顶天窗和四周窗户洒入室内，整个空间明亮通透，为孩子们的日常互动增添几分亲切和温暖。外壳的曲面与内部结构间的"空隙"也形成了有意思的"角落"：最顶部的"角落"成为了小型图书馆，长排木凳下是藏书空间。而只有孩子们才可以攀爬到达的一些"角落"，则成为了他们的秘密乐园：他们可以在这里上演乐在其中的戏码，也可以通过天窗观察外面的世界，在广阔的想象天地中来往。

　　这座新旧交替的建筑，时刻告诉着经营者、孩子们，甚至邻居和整个社区，关于四叶草之家的初心：一直以来犹如家庭般亲切真诚的情感氛围，以及孩子们未来成长的自由畅想和发展。而空间的鲜明反差和各种不确定性，并不急于为孩子们作出任何前提和假设，只尽力为他们提供可以舒展想象力的自由空间，或许在这样的碰撞启发中，孩子们会开始寻找成长过程中属于自我的定位。END

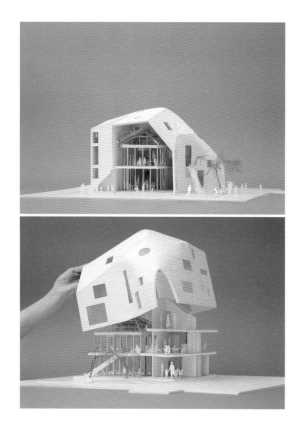

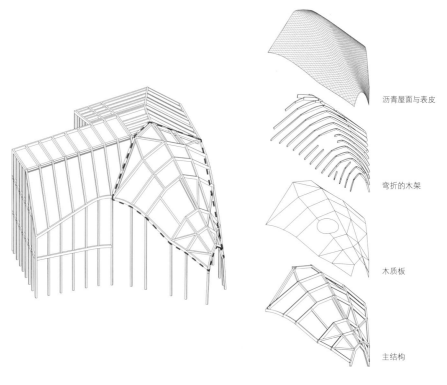

沥青屋面与表皮

弯折的木架

木质板

主结构

1　模型

2　结构详图

3　滑梯可以从二层滑到一层

4　幼儿园从外面看像个白色的帐篷

5.6 夜景

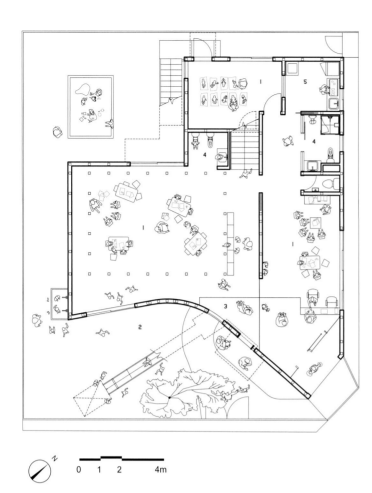

0　1　2　　　4m

N

<table>
<tr><td>1</td><td>4</td></tr>
<tr><td>2 3</td><td></td></tr>
</table>

1 屋顶空隙处有个小的台阶式藏书阅读空间，还有楼梯

2 剖面图

3 室内通过玻璃有效隔绝声音上的相互干扰

4 房屋新结构包裹住老结构，又稍微脱开

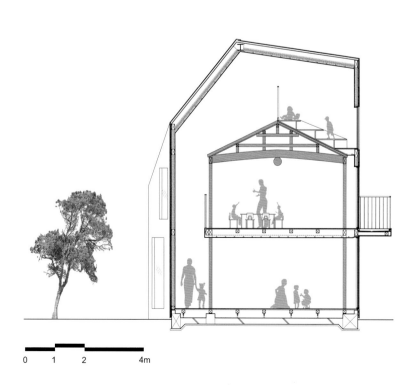

0 1 2   4m

孟凡浩：
乡建，失控中的坚持

撰　文 | 徐明怡
资料提供 | gad

在乡村复兴这面旗帜下，越来越多的中国建筑师将目光由城市转向乡村，奔赴农村进行实践，被业界称为新一轮"上山下乡"。建筑师也和乡村复兴越来越紧密地捆绑在一起，那么，建筑师下乡到底在做什么？

由于一组"最美农村回迁房"的图片，杭州富阳东梓关农居成了新晋"网红"，甚至有很多旅行团也将其列为目的地，最近还获得了"2017美国Architizer A+ Award"低造价建筑类别的专业评委会奖以及社区类别的入围奖。《室内设计师》杂志此次与该项目设计师——gad设计总监孟凡浩进行了深度的采访，还原了一个"建筑师下乡"的真实范本。

ID =《室内设计师》

孟 = 孟凡浩

低造价、品质与可推广性是切入点

ID 据我了解，你的设计方向一直是高端物业，农民安置房这类乡建应该并不经常涉及，这个项目的缘起是什么？

孟 习总书记近年一直在提倡"留住乡愁"，杭州在这样的大背景下，希望打造13个"新杭派民居示范区"，旨在摸索乡村大规模人居环境的改善策略和操作模式。其实之前，东梓关回迁农居已经有初稿方案了，但政府不太满意。gad在城市人居环境领域的大量成功案例吸引了社会各界的注意，因此我们也收到政府邀请，介入下乡村，做一个示范村的设计。

ID 你是怎么理解"杭派民居示范区"这个概念的？

孟 我自己并没有完全的乡村生活经历，但我看过农村建设中很盛行的"浙江省农居房图库"，农民造房子就是从这些图库里去选。我觉得这位副市长给设计师布置这样的课题，就是要让我们先理解什么是"示范区"。我认为，示范区就是要起到示范作用，在未来具备可推广价值，而在农民中，什么样的房子才是具有可推广价值的呢？农民都是注重眼前利益的，你得让他觉得性价比高，以很便宜的价格就可以买到比以前生活品质高

富阳东梓关民居（摄影：姚力）

的、对自己生活有着很大改善和提升的房子才可以打动他们。"低造价"、"品质"以及"推广性"这三者是有一定逻辑关系了，满足了前两点，才能达到"推广性"这个目的。

丰富性和多样性是传统乡村聚落一大特征，现实中匀质的占地面积限制亦催生出大量的兵营式"新农居"。如何才能实现一个原真性的新乡村聚落呢？在南大念研究生时，我们有门课程叫"基本设计"，对基本单元、聚落肌理、建筑类型进行分析研究，强调单元及单元之间的组合关系，剥离形式本身探究空间原型。在东梓关的设计中，试图运用这种研究分析方法，从类型学的思考角度抽象共性特点，还原空间原型，尝试以

最少的基本单元通过组织规则实现多样性的聚落形态。这样的方式，无论是对设计单位还是施工单位，工作量都会小很多。

ID 所以，成本不仅仅是建造成本，也应该包括设计成本，是吗？

孟 是的，请好的设计团队，他们自身的设计成本也是很高的，因此如何用相对合理的时间为乡村做出高品质的设计，也是我们所追求的。在设计过程中其实有个小插曲，方案汇报后，领导们都很满意，但没几天市长带来口信："我觉得你的方案形态非常丰富，有多样性。但仔细一看，其实整个方案里只有 4 个基本单元，进行了不同的组合产生的丰富的表象而已。既然这是示范区，我希望

你能给 46 户做 46 个不同的户型。"

当时，我就和他解释我们现有设计策略的合理性。有三个原因：第一，我国的传统聚落都是生长的，经过慢慢的有机生长后产生了多样性，时间跨度非常大，而在我们这个时代，村落产生的机制不同，要求我们瞬间平地而起，一蹴而就；第二，46 个完全不同的户型很难保证未来房子分配的公平性与公正性，就像商业地产的开发商一般只做两三个户型，才能让购房者不那么纠结；第三，每家每户的生活习惯与人口构成都不一样，46 户的要求都不一样，如果完全按照非标的方式去做这个设计，需要很长时间的调研，然而给我们的时间节点并不允许，我

富阳东梓关民居（摄影：姚力）

们现在的策略其实是对现有模式下的回应，提取了使用者的共性诉求。最后算是说服了他，项目得以顺利实施。

ID 前面提到"提取共性"这点，能详细谈下你是如何提取的吗？

孟 建筑终端用户的评价对设计师非常重要，在设计过程中，我主动要求政府安排我们与村民见面，了解他们的真实诉求。经过座谈后，通过调查问卷进行相对标准化的共性提取，这不是一种追求极致的非标准化量身定做，但这是一个现行模式下可操作性很强的策略。虽然是政府主导，统一设计、统一建造，但和村民们自己家盖房子差不多，成本是他们一致的诉求，因此设计中从结构、构造、节点、材料等一系列环节都围绕着成本控制，最后这个项目才能够以低造价实现基本品质。村里告诉我，很多没选上房子的村民还在要。他们现在又在边上的土地找，只要面积段差不多，就可以继续生长，也不需要找人设计，单体的施工图都在，我只需要给他们出一张总图，他们就可以造，这个事就变得挺省钱了。

ID 能举些实例来说明调查与设计之间的关系吗？

孟 在调查中，村民们都希望大门朝南；一楼都要有个专门存放农药和生产工具的储藏间。同时，他们对车库的诉求比例却不是特别高，当时我们调研时，46 户人家只有 6 户有私家车。我给他们的选项是，一楼如果有农用储藏间就不能有车库，如果两者兼顾

的话，就没有一楼的卧室了。结果农民都选了不要车库，他们觉得有个离家不远的室外停车场就可以了。正是这个诉求对我的设计产生了很好的推进，在我们这个时代，城市的尺度和以前不一样，而那些关于乡愁的记忆往往是那些小巷子。既然不用在小区内部设置机动车道，我们在预留一条消防通道后，就可以将它们相互之间的通道做成那种比较窄的巷弄，再由巷弄串起很多组团以及公共空间，实现了传统聚落的尺度。相反，如果每家都要求把汽车开到家里，那我们就实现不了目前这种步行的尺度，而通过和他们的沟通，为我的设计提供了许多反向依据。

ID 如何实现这个想法并符合"推广性"？

孟 我们从结构形式开始就是用最省钱的方式——砖混结构，这是农民房的盖法。我们用砖砌起来承重，局部的地方有一点构造柱，最后的土建造价才 660 元/㎡。在整个过程中，我都不断告诫自己要低造价，这个项目一定要便宜，否则即使做成了，也是不可推广的。虽然在过程中有好多次冲动，但最终还是克制住了，所以我们最终没有使用石材以及木头等，外墙只是选用了最便宜的白涂料。在做窗户时，虽然木百叶很适合我们这个项目，但由于其造价，我们也放弃了，而是在外立面用了仿木纹的金属格栅取代了天然木头的做法。由于是工业化的材料，而且是在工厂开模量化生产的，其造价是可控的。出乎意料，村民对这个评价非常高，因为它不需要任何维护成本。最终，建安造价

是 716 元/㎡，总造价为 1376 元/㎡。其实，很多村民认可这个房子，很大的原因是归咎于低造价，如果这个房子的造价是 3000 元/㎡，估计没村民愿意搬进去。

简直住进了画里

ID 如何考虑"新杭派"这个形态定义？

孟 做假古董这件事，我们肯定不愿意做，因为这与我们现代人的生活方式相差很大。农民也是新时代的农民，不是以前穿着马褂的农民了，他们的生活方式是跟着时代进步的，而新的材料也出现了，所以我们首先排除了做假古董的概念。

基地在杭州，而市长定的调子也是"新杭派民居"，我觉得需要在形态上体现出"江南"的概念。当时，我想到的是吴冠中先生的画，虽然在他的画中看不到任何工笔画的痕迹，所有的笔触都非常写意，但就让人感觉很江南。为什么吴冠中先生可以不用任何的具象传统符号却能将我们传统的气质表达出来，这是我非常感兴趣的。我想在设计中也尝试用这种抽象的方法，跳出之前所谓"杭派民居十大要素"这样的框架，符号化地去表达江南神韵。

ID 很多网友评论说"简直住进了画里"，其实，这样的评论表达得应该是你把原本存在人们脑海中模糊的景象变成了现实，甚至有所超越，能谈谈东梓关的外形设计灵感吗？

孟 吴冠中的画中有很多微曲、起翘的屋面，他的手法其实就是将那些线条与屋面抽象出

松阳原舍效果图

来。我们的传统民居中也有很多对称的坡，形成很强的仪式感，既然要走写意路线，就想把设计做得轻松点。于是，通过重构，将屋顶做成了不对称坡与连续坡。这样，几个不同单元在一起后，他们的屋面关系看上去相互是有呼应的，虽然整体感很强，但其实每个房子又是独立的，这就是单体和群体之间的关系，其实这也是中国传统建筑与西方传统建筑最大的区别。以前，我们中国人造房子并不需要很多复杂的图纸，只要把开间、进深定好后，更多强调的就是整个建筑群，每座单体建筑都挺简单的，但通过院落组织起来之后，就是全世界独一无二的，比如故宫建筑群、西递、宏村、土楼。在我们东方文化中，群体的观念比单体的观念要强很多，我在设计中就将这个观念融了进去，强调整体而不是单体建筑，形态走抽象路线。

ID 但你的设计应该并不是村民喜欢的风格，浙江农民大多偏爱欧式别墅，是吗？

孟 是的，欧式风格的别墅是在浙江农村地区常见的建筑形式，甚至在同村一墙之隔的地方，许多东梓关的村民就住在这样的房子里，铺满瓷砖、装有罗马柱的洋房对他们来说是"富裕"的象征，但他们的价值观其实也是可以被引导的。比如村民们对3m高的围墙有歧义，认为这样的围墙太过封闭，我就找出胡雪岩故居的例子，向他们解释其实以前的有钱人都是住这种高宅大院，有高墙围合才是大家族的待遇。最终，大多数村民都被说服了，只有少数几家还是坚持认为围墙高了，最终经过妥协，我同意将这几家的围墙降了60cm。但建成后，据说他们后悔了。设计过程其实就是和村民博弈的过程，虽然有策略选择，但有时也只能舍小取大。

还有件很有意思的事，就是村民们不让我们种树，这在城里是件不可思议的事，村民认为，树会挡着采光，他们认为敞亮是最重要的，乡村里树见得太多了。我尊重了他们的意见，把树都往中间挤了挤，种到了后院的位置，村民对北边种树倒是不介意。但就过了几天，听说我们公司在城里做的一个中式别墅项目，就是因为一栋别墅旁的公共区域内景观种了一棵樱花树，这套房子就比别的房子贵了好像40万，可能这就是真实的城乡观念差异吧。

ID 这看起来还算顺利，还有其他插曲吗？

孟 作为政府代建工程，施工单位是最低价中标的，他们才是最让我头痛的。他们甚至不按你的图纸做，随意定位，准确性和精确性都不够，砖砌等手工化的过程也特别糙，好在这个项目讲究的是整体效果和群体感觉，局部的精度缺失没有带来颠覆性的后果。

其实，城乡施工队的人员素质差别并不大，原因是城市高端物业项目有非常好的中介方——比如民营开发商的工程管控部，这种管控机制对施工队的约束力非常大，有权利将他们拉到黑名单。而在东梓关这样最低价中标的项目，你拿施工队没有办法，这可能是我在这次乡建中碰到的最大的问题之一。即使是找民间施工队也会好很多，在尊重设计的前提下，甚至可以发动村民让他们自主建造，毕竟是他们自己的房子。

而我们的现状是政府、设计师与真正的居住者三者之间的身份是分离的，并不像传统聚落那样有着有机生长的过程——今天来你家盖房子，明天我帮你加修，过段时间再去别家盖房子，这其实是种没有利益往来的、纯民间的模式。

针对这类乡村项目，我们就不大可能以城市的精确性以及实施度来要求。顺应现状条件是前提，其实能建成的意义远远大于追求完美。

设计是自然推进而形成的过程

ID 除了东梓关，还有什么其他乡村项目吗？

孟 隐居云栖度假庄园位于杭州云栖竹径景区里面，一片竹海，景观非常好。我的设计方案就是尊重原始地形，在这么好的环境下，

建筑自身的标识性已经不重要了，重要的是场所感：第一，基地中有很多大树散落其间，这些是不能动的；第二，基地本身有三个产生了高差的台地，这也必须保留。这几个要素确认后，其实总平面就已经出来了——台地上是一些小别墅，入口是公共区，再往南是一些集中的客房，有树的地方就空出来做院子，没有树的地方就做建筑，就这样很自然地就形成了一张平面图。这个项目更多地是从路径和院落的关系出发，通过围合、起承转合形成了一进一进的院子。

其实，设计就是围绕问题和限定条件，解决问题的过程就是设计的推进过程，风格并不是我的切入点。还有一个很典型的例子就是位于杭州大运河畔的隐居江南，这是一个历史街区的空间改造，我也是在苛刻的限定条件下逐步解决问题，其结果也是自然推进形成的过程，没有任何先验性的设定。

隐居江南原先的建筑经过几次业态更新后，被隐居集团盘下做精品酒店。原来的建筑是分离的两幢，于是，我就做了两个动作：第一，用一个体量将两个空间连接起来；第二，这房子原来的面积是 2200m²，但两栋房子间是有高差的，2.2m 的地下自行车库就荒废了，变成堆放杂物的地方，反而影响酒店的内院界面，因此我们将自行车库下

挖 40cm，高度做到 2.6m，将一二层贯通后，做了书架和大台阶，就盘活了原来荒废的自行车库，面积也一下子增加了 600m²。隐居江南是个限价的改造项目，我们将有限的造价花在了面上，在结构不大动的基础上，做了二次表皮。这个历史街区都是十年前设计的青砖调子，但我又不想简单地用这些砖去贴一贴，就通过穿孔的方式，将砖当作幕墙来做。原来的形体突出凹进是非常不完整的，但通过二次表皮包裹后非常整体。

ID 除了东梓关这个项目外，你之前也提到过松阳的实践，可以谈谈这个项目吗？

孟 松阳的这个项目是和田园东方朱胜萱一起合作的，我们想把乡村中的原住民、新住民以及乡村体验者整合在一起，做乡村的整体复兴与激活。其实，乡村最后是否能复兴还是和是否有人的回流相关。第一，原住民的回流；第二，能否吸引新住民和新的体验人群。我们想将这些人群混在一起，通过内部的业态设置，呈现一个比较有活力的乡村。比如，有艺术、文创、电影院、展览，然后又有面包店、咖啡馆，有村史馆、很好的民宿、特色的餐饮店、原住民住的地方，你可以在这个区域体验民宿，还可以和原住民发生真实的互动，甚至还可以去吃一些农家乐……我们将这种方式定义为"新乡村社区"。

ID 如何定义新住民？

孟 "新住民"就是指到了一定年纪，通常是60岁到80岁之间，有了回归田园之心的人，他们会在乡村租一些房子，甚至买一些使用权的房子，在乡村中生活几年。这些人到了80岁之后，基于对城市医疗的需求，可能会再次回归城市。这代人以前往往"上山下乡"过，或有过类似经历，我身边就有很多这样的人。

ID 所以，乡村复兴是知识分子虚构的妄想？

孟 无论是习总书记提出的"留住乡愁"，还是最先起步的知识分子的乡愁情节，结合到现在的可持续盈利模式，乡村开始都刮起了民宿、小镇一阵风，到处都是做美丽乡村。但现在的导向开始变了，国家也意识到小镇"一窝疯"是有问题的，陆续有文件出来，不可以打着地产的名义去做小镇、做乡村。

松阳的这个项目其实是前面几个项目的叠加，在这里能给各种类型的人找到有归属感的业态，能留得下来人。我认为在乡村中，依靠某一种业态都是不可持续的，完全靠民宿的话，原住民去哪里了？乡村体验者只是瞬时人流，在这里住住就走。城市人来看看风景、吃吃农家乐就结束了，这种方式如何用产业来带动呢？

无论是做小镇还是乡村，那些我们建筑

隐居江南精品民宿（摄影：范翌）

师能完成的物质形态的东西都没有那么难，无外乎设计水准的高与低，其实都能用。但产业的道路是非常重要的，如果一个产业不能让村民回流，在乡村中有就业机会，那乡村就很难重新被激活。

建筑师是个提供解决方案的角色

ID 介意被定义为商业建筑师吗？

孟 从来不介意自己商业建筑师的定位，我理解的商业建筑师其实就是更多地对市场规律和业主需求的尊重，更偏向一个提供技术解决方案的角色，而不是把自我表达放在第一位。

ID 所以，从你之前的介绍来看，你的乡建与其他先锋建筑师的思路并不一致，能否谈下做乡建与城市高端物业这两种物业的不同呢？

孟 从设计的目标来说，我觉得是有共性的。无论是城市，还是乡村，关键点都是品质感、基本空间好不好用，但策略会不一样。城市中的项目通常是销售物业，建筑师在这类项目中的角色是技术服务机构。作为建筑师，我会特别克制自己的个人观点和欲望，特别

注意倾听开发商的销售总监或者销售部的反馈意见，在满足了他们的要求之后，再做一些主观提升。在所有的商业项目中，我的态度都是尽可能往后退，但在满足所有的业主诉求后，建筑师需要保证整个项目的品质感和价值感，因为这会产生的设计溢价，这就是建筑师和城市开发商之间的关系。相对城市中的大型开发商，小规模项目的业主会有更高的美学修养和更多的文化情结，我和这些业主会产生许多共鸣，所以以设计介入度会更高，包括产品定位等，而概念延续也会更强些，这就导致设计策略与手法不一样，会在设计中对文化与地域性进行更深层次的挖掘。但无论是哪种项目，我都比较注重需求，这是市场与终端客户的需求，我不认可也会尊重，毕竟别人给你出钱盖房子，你有什么权利要求别人完全按照你的个人喜好来做呢？

ID 你能整理下这几次下乡后的经验及反思吗？

孟 我觉得建筑师下乡首先应该考虑的是与传统之间的关系，传统就像《千里江山图》中描绘的场景，这是我们的根，建筑与自然

的关系也是非常亲近的，建筑不是以物体的形式呈现的，传统聚落的密度、结构以及在山水关系中疏密有间的节奏都是值得细细体会的。我们的城市化进程其实就是大饼式的蔓延，如果在做乡村项目时也沿袭城市化的做法，那乡村就成为了下一个城市，这将非常具有破坏性。

第二，当然尊重传统并不是意味着全盘照搬保留，而应该是批判性怀旧，好的东西是保留的，但并不是完全的拿来主义。作为建筑师，我们总是希望在材料、建造方式、施工模式上有属于我们这个时代的特点，留下印记。如果我们只是模仿传统，那我们这个时代就会没有属于自己的建筑。

第三，乡村建设光有外壳不够，仅仅提供一些有地域性、时代感的物质空间还远远不够，更亟需的是通过政策支持、体系优化、模式探索去解决乡村生产、生活、生态等系统性问题。对于乡村来说，洁净是基础，产业是支撑，文化是灵魂，产业的导入、传统文化的挖掘、民俗风情的传承，让这些元素引领乡村复兴。END

蔡永洁：
简单，才能独特

撰　文　|　郑紫嫣

2017 年 5 月 20 日正逢同济大学 110 周年校庆，建筑与城市规划学院也走过了 65 年的岁月。

几十年来，它在学术研究、社会服务、对外合作和文化传承等各方面蓬勃发展，培养了大量优秀的专业人才。

《室内设计师》有幸邀请了同济大学建筑系系主任蔡永洁教授，

谈谈他对城市与建筑研究、建筑学教育和专业设计的理解，

同时也与读者分享了他早年的海外经历和阅读心得。

ID =《室内设计师》

蔡 = 蔡永洁

蔡永洁

同济大学建筑与城市规划学院教授、博导，2014 至今任建筑系系主任。

1986 年毕业于同济大学建筑系，获学士学位；

1993 年与 1999 年于德国多特蒙德大学建筑工程学院获硕士及博士学位；

先后在德国罗森塔公司 (Rosenthal AG)、慕尼黑冯布塞尔教授建筑事务所 (Prof. von Busse & Partner)、多特蒙德格尔伯教授建筑事务所 (Prof. Gerber & Partner) 从事室内设计、建筑设计和城市设计；

2000 年起任教于同济大学建筑与城规学院建筑系；

近年来专注于城市设计、建筑设计和建筑学教育研究，设计代表作为 5.12 汶川特大地震纪念馆。

I 设计作品：512 汶川特大地震纪念馆（摄影：邵峰）

经历："我人生中第一次乘飞机，就是到法兰克福。"

ID 谈谈您的经历吧，1986 年从同济建筑学本科毕业后，您就去了德国，当时是自己的选择吗？

蔡 我本科学的是建筑，1985 年还在读书时，有一位老师问我："有兴趣去德国吗？"当时出国非常不容易，不像现在，听说有机会去德国，简直是天方夜谭。当时同济大学准备办室内设计专业，遴选了几个在读的学生，德方提供奖学金，去德国学室内设计。有一个开眼界的机会，学什么并不是最重要的，关键是能出去看看这个世界。完成了毕业设计后，过了一个暑假，1986 年 10 月 1 日的飞机，离开了中国。

ID 当时的心情是怎样的，是不是特别激动？

蔡 我人生中第一次乘飞机，就是到法兰克福。那时候是 80 年代，没几个人乘过飞机，当时的那种心情，现在的你们可能是无法想象的。这种像做梦一样的经历，在我的人生中有过两次，第一次是从四川到上海，那种环境的变化和感官的刺激，比后来到德国还大。那时候年龄太小了，17 岁，没有任何

准备，周围人都讲上海话，语言听不懂，人的性格差别也大，还好文字看得懂。

ID 来上海之前，您的成长环境是城市吗？

蔡 我的家乡当年还是个县城，后来成为了县级市，现在属于成都的一个区。目前新机场正修在那里，是中国第三大机场。从小在一个相对闭塞的环境中成长，那时候，就已经觉得上海这个城市太陌生了。

ID 去德国之前，有没有做过准备，包括语言？

蔡 去德国时准备比较充分了。本科第一年学了德语，出国前又集中培训了一个学期。算下来其实当时建筑只学了三年半。所以现在在压缩学制问题上，我是一个"孤独的鼓吹者"。

ID "4+2" 那个模式吧？

蔡 对，我认为它对当前的环境来讲，是一个比较好的选择。目前同济的情况是"5+2.5"，或者"4+2.5"，"4"就是直接升学读硕的学生。实际情况是大部分学生 8 年才毕业，如果 4 年本科、2 年研究生，就赢得了两年的时间。正好我目前有位硕士生正准备完成"4+2"的学业提前答辩。

ID 成果和水平上有区别吗？

蔡 我不认为这种模式下毕业出来的学生，6 年的水平与 8 年有什么本质区别，特别是我们认为大学里主要是学习方法，那么 6 年时间非常充裕了！再考虑到他们节约出来的、可以继续发展的两年时间，而赢得两年的时间，对于一个年轻人来说，意味着什么？不可估量，无论出国继续深造还是工作，都非常好。

ID 工作两年后，后来怎么又在德国继续读书了？

蔡 80 年代末，因为环境的关系，并不是很想回来。那时也没有多想，毕竟还年轻，才20 多岁，我的资本就是时间嘛。后来觉得应该有一个在德国被承认的学位，于是又回大学读书了，还是学建筑。我们的学院叫"建筑与城市设计学院"（Architektur und Staedtebau）。城市设计是必修课，教授是在德国鼎鼎大名的克莱胡斯(J.P.Kleihues)，翁格斯 (O.M.Ungers) 的学生，1987 年柏林国际建筑展的主要策展人。他当时提出两句口号——"谨慎的更新"和"批判的重构"，两句话，清清楚楚，至今我们还跳不出这个框架。涉及到旧城更新时，如何去面对错综

I	
2	3

I.3 设计作品：512汶川特大地震纪念馆（摄影：蔡永洁）

2 德国GEO杂志1994年2月号中国专辑

复杂的问题，就这两个原则。读完硕士之后，我在两个事务所工作过，当中投了一年多的标。

ID 投了多少标？

蔡 投了8个，只中了1个。

ID 都是什么尺度的？

蔡 各种都有。第一个是刚到事务所时，三个星期之后，就中标了。大家都很惊讶，刚来一个老外，才三个星期，就中了一个标。那个标建筑规模很小，就几千平方米。当然也做过很大的标，但都没有中，很可惜。也有城市设计的标，都做过。所以其实建筑设计、城市设计，都是分不开的，建筑师都在做。以前采访有人问我，城市设计到底是建筑师做，还是规划师做？这个问题并不存在，具有这样的才能和兴趣，具有基本的专业知识，就可以做，没有就去学。谁做不重要，但建筑师如果不能从城市视角去看建筑，不理解城市，是有缺陷的。

下学期硕士研究生《建筑设计原理》课的第一讲，我准备讲建筑设计的三个视角和三个标准。三个视角，第一个是城市设计的考虑，如何应对城市空间；第二个是空间组织，即造型和功能的考虑；第三个视角是力学体系。这是建筑设计最核心的三个要点。三个标准不是我发明的，但我觉得挺好的，也有很多人用相似的语言来描述。第一个是简单，这是最高境界，中国人却常常最难做

到，做得太复杂。年轻人容易用力过猛，老怕自己东西不够丰富。第二个是逻辑，对中国人也是挑战。和德国人相比，中国人比较情绪化。第三个是独特性，这个中国人反而经常追求，只是我们常常误解独特性的意义。它用英语来说是originality，和独特还不太一样，有原创的意思在里面。

ID 又要独特性，又要简单，它们之间的关系怎么把握？

蔡 只有做到简单，才能独特。我认为这三点是相辅相成的。这是我设计做到今天的体会，虽然现在做得不多了，在德国事务所做得多时，项目和投标一个接着一个，对这些概念很有体会。

决定回国："这本杂志我至今一直放在家里，因为它影响了我的人生轨迹。"

ID 2000年，您在德国已经10多年了，是什么让您决定回国？

蔡 到了30岁出头时，人就开始思考这辈子要在哪里过。20多岁时不会想的事，待了十年，才开始想。开始考虑不多，也有社会环境的考虑。早年西方媒体对中国的报道比较消极，但突然有一天我发现情况发生了变化。1994年，我在慕尼黑工作时，看到德国GEO杂志，类似《国家地理》这样的，科普类杂志，那期专辑正好介绍中国，有很

多精美的照片和文章，从各个视角去介绍中国。关键是那期的主编写了一段前言，标题叫《中国——地球上的最后一次冒险》。那时候年轻，很激动，心想：人就活一辈子，作为中国人你不参与进去，就亏了。我当时7年没有回过中国了，1993年第一次回国，看到当时的中国，经济、国力都已经突飞猛进，就决定回来。这本杂志我至今一直放在家里，因为它影响了我的人生轨迹。

ID 进入同济教书，是受到邀请吗？

蔡 我是"自投罗网"的，那时心态好，从

|1|2|3|
| | |4|5|

1.2 设计作品：512汶川特大地震纪念馆（摄影：蔡永洁）

3 建筑速写：安昌古镇（2004年10月）

4 人体速写（铅笔、油画棒，1999年7月）

5 建筑速写：伯尔尼（2007年2月）

助教开始做。后来再回来的人，都没有我这样的经历了。

读书时，我的同学和老师都说，我是一个典型的可以到设计院做总工的料，做事情认真，条理性好，工作责任心强，设计能力也不错。但我想回来时，发现国家变化太大，没法适应。怎么办？社会上没法混了，于是决定去大学。那时在同济教书的同学告诉我，这里一定欢迎你来，但是回校教书必须有博士学位。又纠结了，当你想回来了，突然那个目标又变得遥远了。

ID 所以之后您被迫又留在德国读博士了？

蔡 当时我把工作都辞掉了，房子也退了。最后一次大旅行，去埃及和希腊——我心目中一直想去的地方，欧洲文明的发源地。从埃及到希腊，在路上的6个星期改变了我。这个世界太美好了，做吧！我一直对历史感兴趣，看了那些遗迹，又读了好多书。回德国后，我和朋友们说，我准备读博士了。朋友们说我不会回中国了，我说读博士就是为了回去。下了决心，联系好教授，做关于城市广场的历史研究。

ID 最后还是拿的建筑学学位。

蔡 我的导师还不是建筑师，是艺术史学家。后来又找了另一位联合导师，他是做城市设计的，所以我有两位导师。艺术史的老师对空间这方面不太熟悉，而历史研究对他来说

驾轻就熟，所以我很幸运，两位导师差别非常大。城市设计的教授语言太厉害了，充满了激情，非常高深。

ID 读博只用了三年时间？

蔡 研究计划写好，教授确认好，这个过程我只用了一个半月。把大纲确认好后，教授说挺好，往前走吧。一直到答辩，一共三年。当时，老师问过我，准备用多少时间毕业，我说不知道，但想快一点，因为想回去。他问我回去干嘛，我说假如运气好，想回以前的母校教书。他是艺术史学家，问我教什么，我说建筑设计。他的反应好像有点失望，说，你将来做什么，我管不了，在我这里，按我的规矩。我说，肯定，可能的话，三、四年之内毕业。导师也不希望我时间太长，会疲，要一鼓作气，后来我做到了。我给自己立下规矩，每天工作八小时，每周工作至少六天，我坚持了。当然还有每年打两个月左右的工，再出去旅行三个星期，人总需要调节一下。现在回想30多岁时的我，很自豪，因为那时我真的很简单，很单纯。德国人的影响，太简单了，直来直去。

设计观："室内设计、建筑设计、城市设计，在我看来无非都是怎么创造我们生活的空间。"

ID 您去德国先做的是室内设计，后来又做了城市研究，然而您又是学建筑学出身，这

之间您是怎么看待的？

蔡 其实都是一回事。我上前沿课时，讲城市设计的双重视角，我说我不认为建筑学和城市设计是两个学科，到现在我仍旧坚持这个观点。包括室内设计，难道建筑师不做室内设计吗？

别人知道我做过室内设计，请我做项目，单独的室内设计项目我基本是不做的。真没时间，假如不做系主任，一些好玩的项目，都可以想象。但遇到是自己做的建筑项目时，我会主动要求做室内，包括景观。现在正在做个小项目，两千平方米加一个雕塑，这个雕塑是一个艺术家的原创。

ID 艺术家是您找的吗？

蔡 甲方找了一位艺术家做雕塑，是我在德国时的朋友。当时他做了一个佛塔造型的彩色玻璃雕塑，有50m，非常好玩。甲方希望雕塑下面有点功能，一看50m，艺术家不干了，于是找到我。我看东西满好玩的，就同时还要求做了室内设计，就这么小的一个房子。目前刚刚完成施工图。

室内设计、建筑设计、城市设计，其实在我看来无非都是怎么创造我们生活的空间。一句话就讲清楚了，只是从不同层面去做工作，就这么简单。其实我在德国做过室内设计，也做过工业设计、舞台设计，还做过美术设计。Graphic Design（平面设计）比

较简单，毕竟没有建筑这些功能、力学、材料层面复杂的东西。

身为人师："我不相信有天赋，也不相信有天才。"

ID 当时也不像现在，做设计用的都是电脑，那时都是手绘吧？

蔡 都是手绘，我的手头功夫还可以。读大学时，同学说我造型能力强。其实我9岁开始学画，每天晚上，每个周末，每个寒暑假，一直画到初二结束。初三没画，因为开始中考了。高中也不让画了，因为要考大学，小时候一直想上美院的。我不相信有天赋，也不相信有天才，真的都是靠努力。有些人智商很高，包括很多学生，我反而经常批评他们，高智商可能会害了你。

ID 一些优秀的学生，从小大家都是夸他、捧着他。

蔡 有些极其聪明和优秀的学生，当我指出他们不够努力时，他（她）们的眼神会愣一下。因为他们成绩一直是优，但我认为光靠自己的天赋学习，这不够。

ID 也许他们觉得自己已经很努力了。

蔡 没有努力过的人，不知道什么叫努力。比如做模型吧，有些同学用切割机，塑料泡沫切出来不平，就说无法切平。我就亲自给他们演示，那时我们什么都训练过。我说首先要把电热丝绷紧，学生们说不能绷紧，绷紧要断。我就操作给他们看。结果，电热丝没有断。电热丝用的时间长了是要断的，断了再绷呗。什么东西重要，自己要想清楚。一定要扎扎实实做一个好东西出来，才知道什么叫好东西，下一次做的时候比这次还要好，才能进步。

ID 指导学生时，您和学生的关系是怎样的？

蔡 我会批评哪怕很优秀的学生。因为有些话这辈子没有人会跟他们讲了，这是教师的责任和权利。说到教书育人，我从没有想过给自己定下这么高尚的目标，我从没想过去"育人"，觉得自己承担不起这样的责任，我就是一个专业教师。但我会把我的判断和看法直接讲给他们听，供他们参考，接不接受没有关系。还有责任感的问题，有些东西，父母看不清楚，外人不会讲，只有做老师的能去告诉他们。

ID 老师对学生的影响确实很大，20多岁时，总需要有人来点破你。

蔡 作为教师，和学生的沟通，包括处事的方式、方法，属于日常工作。比如做设计时，有的学生会想得很多，几个方案其实都挺好的，就容易纠结，我就告诉他们，都挺好的，选择一个就行了，但要自己选择。谁都有分不清的时候，很多事情身在其中时，真的想不清楚，需要有人帮你参谋。

绘画与阅读："我不是理性主义者，生活中有一些偶然性蛮好的。"

ID 1994年时，您出版了《欧洲印象：建筑速写选》一书，当时您还在德国，为什么考虑在国内出这样一本书？

蔡 因为便宜啊。当时同学李振宇看到我回国还带着速写本画画，说你画得挺好的，出版个集子给学生看吧。我说可以啊，但当时对国内的情况一点都不了解，他帮我去问了国内的出版社，人家看后说很好，出吧。一

| I | 2 |

I.2 设计作品：青岛实验中学（摄影：吕恒中）

共花了几千马克，对我来说还是容易承受的。1994 年我在工作，经济条件还比较好，就一两个月的工资。

ID 现在还常画画吗？

蔡 速写本还时常备在身上。出差时基本不太带，大家在一起时，不方便画画。如果一个人出差，就会带着。比如上次去伯尔尼参加评审会时，画了很多很精彩的速写，站在伯尔尼的街道里很激动，那是对着照片画不出来的。

ID 有没有建筑师、建筑教育家、理论家之类，对您产生过比较大的影响？

蔡 现在第一职业是教书，我说自己是"业余建筑师"。对于其他国家，包括美国的教育家，我并不是很了解，但我相信他们很牛。看到他们的文章，也觉得非常有思想。王飞编的《交叉视角》里做了许多访谈，很多世界顶级大学的院长谈建筑教育，他们的言谈很有高度。

我从翁格斯那里学到了不少东西，他是德国建筑师、教育家，做过康奈尔的建筑系主任，后来回到德国继续做教授和建筑师。在我看来，他是少有的理论造诣非常高的建筑师，建筑能做得那么纯粹。但德国建筑可能有一个小缺点，在德国时，我们作为外国人去讨论德国建筑时，觉得他

们做得很好，但可能缺少点幽默感，少了点玩笑在里面。

ID 是不是过于严谨了？

蔡 建筑就是生活，德国建筑太严谨了，但也有例外。我请过一位德国朋友到同济给学生做过一周的基础造型训练，做过一个报告，我当翻译。他是雕塑家，毕生就讨论一个话题——系统和偶然性（System und Zufall）。他讲解他的哲学理论，我看他的雕塑，看他的教学，看他怎么引导学生做事，突然觉得找到了自己心中建筑的哲学理解。

大家都会说蔡永洁是一个满理性的人，但我不是理性主义者，我不去强调理性的绝对价值。我觉得生活中有一些偶然性蛮好的，这是我对建筑的理解。翁格斯，我从他那里学到了理性的东西，还有纯粹、简单。他的东西是可以学的，就像密斯一样。了解德国建筑就三个人——辛克尔、密斯、翁格斯，这三个人了解清楚，德国的建筑精神都明白了。我在多特蒙德大学读书时，几个重要教授都是翁格斯的学生，都是从柏林过来的，都是比较硬朗的、北方的风格，就好比中国的北京一样。

ID 所以您这里说的纯粹，和前面三点中的"简单"是一个意思？

蔡 是的，这肯定跟我受的教育背景有关。

我其实经历过脱胎换骨的痛苦。在同济读书时，我是所谓的好学生，最直观的评价就是分数高。哪怕我做了比较差的设计时，也得过高分。老师批评我做得不好，我很诧异，问老师为什么要给高分？他说，你一直都得高分。虽然我的确画得很好（表现图），但很多都是印象分。

我到德国读书时，就面临了问题，别人不认识你，做的东西拿出来，教授说，你的设计我看不出什么毛病，但我看你的设计浑身不自在，立面很丑。我在同济当学生时是"造型大师"，德国教授却说我做的立面很丑。其实是审美不一样，德国人喜欢简单的东西，我们的东西太复杂。那时有期中评图和期末评图，期中时，教授跟我说，期末评图时你必须有很大进步，不然我会"关"你。

ID "关"是什么意思？

蔡 "关"的意思就是下学期不能做施工图。一年的项目，从方案到施工图，结构和水电暖全部自己做，这样来训练。方案阶段被"关"了，就意味着多读一年。

这是什么样的压力？还包括面子的问题。后来开窍了，德国人的东西都很简单，但他们不会明确跟你说：你的东西太复杂，他们觉得这种话不用说，你就应该知道。都要自己去琢磨，做到了简单，教授就说，你

进步很大。

这方面我还是满自豪的，在那里我知道了怎么自学，这是在同济没学会的。当时我年龄也大一点，什么都要自己多学。一来教授不会有那么多时间跟你讲，二来我是从高年级开始学，基础的东西缺了很多，需要逼着自己补上。整个过程最快是两年半，我硕士用了三年，博士三年。

有一个小故事，我也常常讲起。当年博士论文答辩完后，导师过来跟我握手，第一句话是，祝贺你；第二句是：欢迎你来到历史学家的行会。至今我都没有忘记这句贺辞，当然是话中有话。这句话提醒我：我是学历史的。我现在读的绝大部分书，也都是关于历史的。

ID 您做城市设计，很多东西也是与历史相通的。

蔡 关系很大。不仅是和专业相关的历史书，还有很多和专业不相关的历史书。过去一两年，给我留下印象比较深的是《中国天文考古学》，有很多东西读不懂，这个必须承认。读不懂没关系，读懂多少算多少。

ID 是当兴趣，还是想去钻研？

蔡 是兴趣，不会想去钻研。第一是有所了解，这本书跟我们建筑学挺有关系的，关于史前文明、天文考古，你能看到中国的文化是如何起来的。读完我有一些深刻体会：第一，我突然领会了没有空间就没有时间的概念；第二，天文对人类文化，包括我们对建筑的理解，有多么深刻的影响。我也读一些科普的书，比如《欧洲——一堂丰富的人文课》，这是一位德国教授写的，全球风靡，把欧洲的文明从古希腊开始，一直写到今天，写得也很通俗，85%都能读懂。

ID 这类书还得翻译得好。

蔡 这本书是德语翻译过来的，我很偶然在书店看到，觉得挺好的，也推荐了好多人买。特别是和欧洲文化不相关的一些人，想了解欧洲的东西，就读读这本书，很通俗和系统地把今天欧洲人的行为方式和历史结合在一起，读完就能明白为什么今天的欧洲人是这样的，这点特别好。

还有一本书是罗素的《西方的智慧》，也是一本科普书。罗素是大哲学家，他的很多书我都读不懂。据说这本书写完后在同行圈中遭到了批评，理由是一个大哲学家去写科普的东西，太浪费了。但我觉得罗素是对的，让我们这些对哲学感兴趣的普通人都能读懂。他从古希腊之前开始写，写西方思想的变迁。读完后，我会思考自己得到了什么东西，或者在阅读的过程中，我思考了什么问题。

ID 读完一本书，您一般还回过头去思考？

蔡 如果没有体会，这本书就白读了。我会带着问题去阅读，这本书告诉了我什么，哪些是我之前没想到的，我最深刻的体会是什么。从书的很多细节中，你可以学到很多东西。书里有很多知识点，但知识点却不是最重要的。

比如，欧洲文明之所以最后影响了全世界，原因是它的起源、它的与众不同，罗素讲得很清楚，它区别于其他所有古代文明之处，就在于科学与哲学的结合。亚里士多德是海洋生物学家，这在中国是不可思议的事。所以他们的技术为什么那么发达，这和他们的文化基因有关系。和孔夫子儒家思想的传承不一样，欧洲文明可以传承下来，是因为不间断地自我批判，螺旋式上升，最后还是自己的思想，但是一直在变，这点我们没做到。书里有很多很精彩的点评，又比如，为什么古希腊和古罗马文明会衰落？希腊的衰落是因为傲慢，罗马则是缺少思想的创新。这些点评都很精辟，只有读哲学家的东西，才能看到这么精彩的结论。

ID 说到批判，所以您也是带有一定批判性的。

蔡 我尝试带着批判性的眼光看问题。我的信条是，我讲的话一定是真心话，不方便时可以不讲，但绝对不会讲违心的话。**END**

水岸佛堂
WATERSIDE BUDDIST SHRINE

撰　　文	韩文强
摄　　影	王宁、金伟琦
资料提供	建筑营设计工作室

地　　点	河北唐山
设计公司	建筑营设计工作室
建筑师	韩文强
建筑设计	姜兆、李晓明
结构设计	张富华
水电设计	郑宝伟
项目类型	宗教建筑
用地面积	约500m²
建筑面积	169m²
设计时间	2015年4月~2015年8月
施工时间	2015年10月~2017年1月

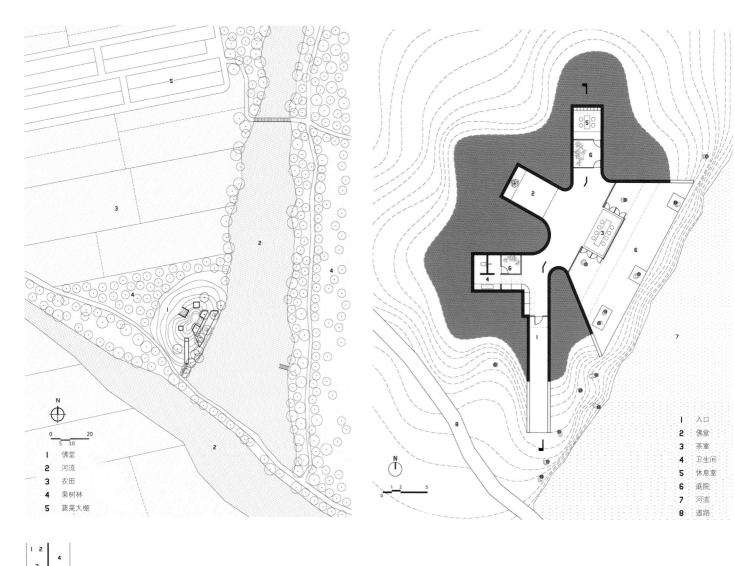

N

0 5 10 20

| | 佛堂
| 2 | 河流
| 3 | 农田
| 4 | 果树林
| 5 | 蔬菜大棚

N

0 1 2   5

| | 入口
| 2 | 佛堂
| 3 | 茶室
| 4 | 卫生间
| 5 | 休息室
| 6 | 庭院
| 7 | 河流
| 8 | 道路

| 1 | 2 | | 4 |
| 3 | | | |

| | 总平面
| 2 | 平面图
| 3 | 入口
| 4 | 院落

这是一个供人参佛、静思、冥想的场所，同时也可以满足个人的生活起居。建筑选址在一条河畔的树林下，这里沿着河面有一块土丘，背后是广阔的田野和零星的蔬菜大棚。设计从建筑与自然的关联入手，利用覆土的方式让建筑隐于土丘之下，并以流动的内部空间彰显出自然的神性气质，塑造树、水、佛、人共存的、具有感受力的场所。

为了将河畔树木完好地保留下来，建筑平面小心翼翼地避开所有的树干位置，它的形状也像分叉的树枝一样伸展在原有树林之下。依靠南北与沿河面的两条轴线，建筑内部产生出5个分隔而又连续一体的空间。5个"分叉"代表了出入、参佛、饮茶、起居、卫浴五种不同的空间，共同构成漫步式的行为体验。建筑始终与树和自然景观保持着亲密关系。出入口正对着两棵树，人从树下经由一条狭窄的通道缓缓走入建筑之内；佛龛

背墙面水，天光与树影通过佛龛顶部的天窗，沿着弧形墙面柔和地洒入室内，渲染佛祖的光辉；茶室向遍植荷花的水面完全开敞，几棵树分居左右成为庭院的一部分，创造品茶与观景的乐趣；休息室与建筑其他部分由一个竹庭院分隔，让起居活动伴随着一天时光的变化。建筑物整体覆土成为土地的延伸，成为树荫之下一座可以被使用的"山丘"。

与自然的关系进一步延伸至材料层面。建筑墙面与屋顶采用混凝土整体浇筑，一次成型。混凝土模板由3cm宽的松木条拼合而成，自然的木纹与竖向的线性肌理被刻印在室内界面，让冰冷的混凝土材料产生柔和、温暖的感受。固定家具也是由木条板定制的，灰色的木质纹理与混凝土墙产生一些微差。室内地面采用光滑的水磨石材，表面有细细的石子纹路，将外界的自然景色映射进室内。室外地面则由白色鹅卵石浆砌而成，内与外

产生触感的变化。所有门窗均为实木门窗，以体现自然的材料质感。禅宗讲究顺应自然，并成为自然的一部分。这同样也是这个空间设计的追求——利用空间、结构、材料激发身体的感知，人与建筑都能在一个平常的乡村风景之中，重新发现自然的魅力，与自然共生。END

| 1 | 2 |
| | 3 | 4 |

1 沿河轴线

2 休息厅

3.4 佛堂

```
1 │ 4
2 │
3 │ 5
```

1 内景

2 东立面

3 剖面图

4.5 茶室

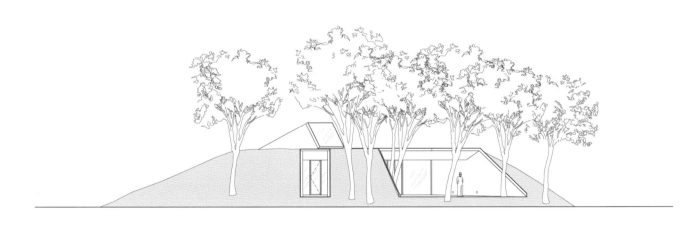

1 入口 2 庭院 3 佛堂 4 休息室

```
1 │ 3  4
2 │    5
  │    6
```

1   轴线夜景

2   庭院夜景

3   入口夜景

4   屋顶夜景

5   分析图

6   沿河立面图

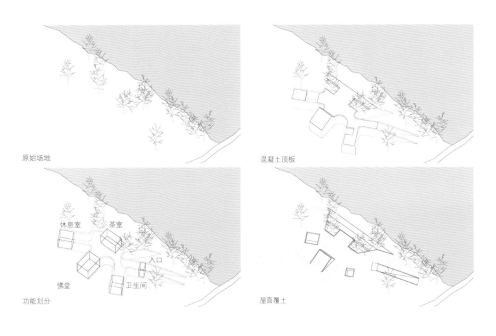

原始场地   混凝土顶板

休息室   茶室

佛堂   入口   卫生间

功能划分   屋面覆土

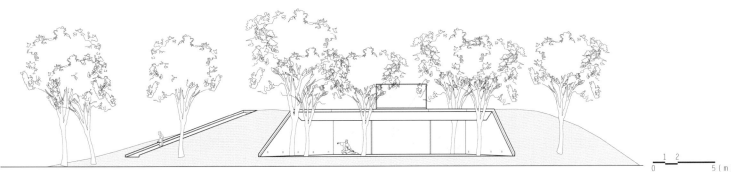

0 1 2 5 (m)

WeWork威海路中国旗舰店
WEWORK, CHINA FLAGSHIP LOCATION

摄　　影	Dirk Weiblen、雷坛坛
资料提供	Linehouse（联图建筑设计）

地　　点	上海市静安区威海路696号
设计单位	Linehouse
面　　积	5500㎡
竣工时间	2016年

1 | 2

1.2 一层大厅中心是采光良好的流动办公桌以及沙发座

在上海市中心威海路一带的老居民区中，有这样一栋历史建筑——曾经是鸦片工厂，也曾是艺术家聚集地。如今，WeWork 的中国旗舰店就坐落在这幢砖楼里。这栋楼规模颇大，Linehouse（联图建筑设计）以此为基础，融入了豪华酒店的氛围，带领来客踏入一场奇异且趣味的冒险之旅。

来访者首先要穿过一座老式石拱门，再走过一条粉色的巷道：墙面是粉的，水泥地板也被刷上了粉色。两面粉墙之间，露天悬挂着数个小吊灯，散发出暖黄的灯光，欢乐温馨。

时间在原有的旧式砖混建筑上留下了许多工业风格的印记。在设计中，Linehouse 试图通过不同方式来诠释与体现这一新与旧的对比冲突。前台位于传统与现代建筑风格的交接处，底座由混凝土筑成，正面使用了有历史感的木质镶板，青铜色金属台面的四角向上方延伸，勾勒出上部的框架，一排小灯垂悬而下。后方整面墙由一排排蓝色小抽屉组成，一块标有 "Ring For Service"（有事请按铃）字样的灯牌嵌在其中。

整座楼高三层，内庭中空。原有的金属支撑结构被涂上了青绿色，新增的金属架则是黑色，带扶手的保护隔板选用了暗色系杂色欧松板，站在楼上的人想查看楼下情形时，可以安全倚靠。

中庭层与层之间由绿色的铁质旋转楼梯相连。楼梯外侧由数块三角橡木板拼成，并在一侧刷上了不同层次的蓝色。拾级而上，楼梯颜色变换，由原木向蓝色过渡。

上楼来到茶水间，首先跃入眼帘的是以罂粟花为主题的大幅墙绘，金色调的手绘花朵在墙上蔓延绽放，与过去鸦片工厂的历史相呼应。

中庭四周的建筑外墙极富历史感。水磨石地板贴合墙面弧度向上延伸，俯看形似托盘。蜡笔质感的蓝、绿、粉、灰色色带在墙面和地面并次排列，拼成"硬质"地毯。"托盘"上部与青铜色金属架相连，悬放着镜子和艺术品，也用于置物和吊灯的悬挂。

灯光布置别出心裁，在三楼的高度处，粉色与灰色的线缆互相交错，并以青铜色金属环相连，一盏盏定制吊灯从金属环处垂悬而下。

穿过中庭，走进这栋历史建筑的内部，来到酒吧间，热带风与怀旧东方风情的碰撞令人产生时空错置感。鹅黄色渐变的手绘墙上，老上海的太太小姐们身着斑马条纹套装、戴着嘻哈佩饰，难以判断她们到底是从 20 世纪 20 年代穿越而来，还是一不小心从现代穿越回了过去。橱柜的正面，蓝色与粉色霓虹灯管间隔排布拼出扇形的图样。

楼内的墙纸为特别定制，并且延续了欢乐谐趣的主题概念以及蜡笔色的色调，金色和绿色为主的几何图案也都是手绘而成。

卫生间里，独家定制的墙砖上有粉色与绿色的几何图案块和若隐若现的线条，顶棚是灰粉色，隔间和门框是薄荷绿，定制的顶灯与墙镜则营造出一种会客厅般的豪华感。■

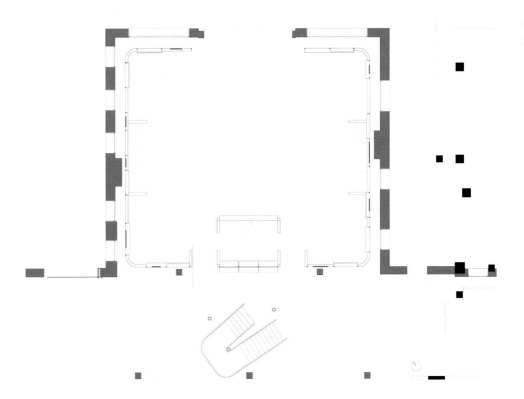

I 除了原有红砖墙的建筑体，建筑两侧加了新的连接空间

2 中庭平面

3 回字形楼梯成为另一个视觉亮点

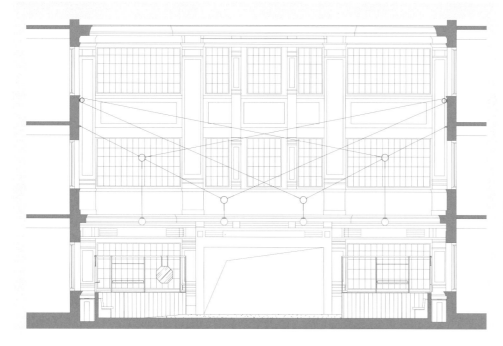

1	3
2	4 5

1　中庭剖面
2　酒吧间的吧台橱柜
3　公共大堂
4　中庭灯光布置非常特别
5　中庭四周的建筑外墙非常具有历史感

1	2
	3
	4

1　蜡笔质感的蓝、绿、粉和灰色色带在墙面和地面并次排列

2　卫生间独家定制的墙砖上有粉色与绿色的几何图案和若隐若现的线条

3　墙纸沿袭了欢快的主题

4　酒吧间

臻瑜伽生活馆
ZHEN YOGA LIFE HOUSE

撰　文	紫妍
摄　影	感光映画
资料提供	重庆尚壹扬装饰设计有限公司

地　点	重庆照母山公园
设计公司	重庆尚壹扬装饰设计有限公司
设计团队	谢柯、支鸿鑫、汤洲、张登峰
陈设设计师	洪弘、郑亚佳
主要材料	松木、水泥、复合实木地板、乳胶漆
施工时间	2015年10月~2016年8月
开业时间	2016年9月

| 1 | 2 3 |

1.2 底层入口

3 店招

身的柔软，心的和音，在坚定而缓慢的动作间，瑜伽成就了一场身心的修行。建筑正是这场修行仪式的容器。

臻瑜伽位于重庆照母山森林公园，周围青山环绕、绿植掩映，坐拥自然胜景，是瑜伽练习的绝妙场所。设计师如何最大程度利用环境优势，演绎瑜伽馆的空间？它如何与瑜伽的特殊性产生微妙的共鸣或回应？主设计师之一的支鸿鑫向《室内设计师》讲述了该项目的设计思路。

ID =《室内设计师》
支 = 支鸿鑫

ID 臻瑜伽处于什么样的城市区位和自然环境中？
支 这个项目位于重庆的照母山公园，是处于城里的一座森林公园，周边是写字楼和高

档住宅区。它处于比较核心的区位，而整体环境却很幽静。这个位置是我们和瑜伽馆的团队一起挑选的，当时看过很多地方，这个是其中最满意的。

ID 建筑是如何与周围的环境相结合的？
支 周围环境十分优美，因此我们选择了底楼。它不受干扰，推开窗，外面就是一片没有任何建筑物干扰的绿色森林，还有一些小的湖泊、水系。环境和空气都很好，天气好的时候，能看到朝霞和晚霞，早晨和晚间会弥漫着薄雾，氛围非常好。

但同时也有个问题，因为选择的是底楼，需要从楼上的商铺下来，走到类似负一层的地方。于是，我们跟公园申请了一条新的路径——在旁边一侧修筑了一处台阶，形成独立的感觉。在楼梯周围，我们设计了很多木栅栏，将其封闭起来，整个瑜伽馆的路径十分幽静。植物生长后，木栅栏形成花架。

因为植物是去年栽种的，目前还没有全部长起来，今后这里将会成为一处蔓延着绿意和花朵的通道。

ID 建筑风格和形态有没有什么特别的考虑？
支 我们希望瑜伽馆拥有相对独立和幽静的环境。因此在入口处，设置了一处出挑的大玻璃棚，玻璃棚上设置了木格栅，既过滤了光线，又避免了玻璃棚上的垃圾与灰尘产生视觉影响，同时与楼上的视线形成了遮挡。在整体上，把景观压缩到较为横向的画幅中。

ID 整体主要包含哪些功能？瑜伽的教学和其他功能之间的关系是怎样处理的？
支 教室区是瑜伽馆的重点，这个区域有单独的门隔开，以保证安静。教室区的走廊很宽，有4.7m，保证了舒适度，创造更强的空间感。它并不是一种狭长的感觉，而更像一个公共空间，干净且明亮。整体分为4个大教室和3个私教室，还有男女的更衣室。

| 1 | 2 | 4 |
| 3 | | 5 |

1　休息区

2　室外台阶与花园

3.5　瑜伽练习室

4　工作走廊

休息区分为了两处——外面公共的休息区和教室区内部的休息区。外面的休息区设置了一些座椅和沙发，会员们上课前可以在这里小坐。平时，有些会员会带着家人和亲友一同前来，当会员上课和练习时，其他人可以在外面的休息区等待。里面的休息区则不对外开放，会员们上完课可以在此稍作休息，平复身体和心灵后，再洗澡、更衣。除此之外，还有办公室和一个小的商店。

ID 空间的规划和塑造是怎样的？感觉上，它是流动和开敞的，不同功能间是否是一种

"弱" 过渡？

支 在空间规划上，我们希望把最好的景观面都给予教室，所以只把入口处留了一部分给休息区，而主要的 3 处大教室全都朝向景观面。教室外和入口处的平台，通过一些片墙彼此隔断。天气好的时候，教室外的平台可以作为户外瑜伽的场所，会员上课前也可以在这里休息、静坐。在这里，围合出了小院落，栽种了一些植物，比如竹子、芦苇和不同品种的小花草，并且从旧瑜伽馆移栽了一些曼陀罗，它们长势很好，也与瑜伽有一些关联。

我们希望整个室内流线清晰明确、动静分离，保留开敞和流畅的感觉，所以很多门都采用了镂空的处理。

ID 在硬装和软装中，不同区域中的材料、色彩和细节是如何把握的？

支 所有木作的部分都使用了实木，比如松木，一来比较环保，二来它具有更温润的质感。另外我们使用了一部分水泥，主要用在

了卫生间的区域，做成了水磨石的感觉，延续了水泥的质感和颜色。地面全部是实木复合木地板，因为整个瑜伽馆都覆盖了地暖，实木复合地板可以达到保暖的需求。墙面是白色乳胶漆。总体来说，材料都是比较简单、纯粹的。

在家私和配饰上，强调了轻松的氛围，使用了棉麻质感的布艺沙发，布置了一些实木质感的小件家具和比较舒适的座椅。在里面的休息区，还摆放了一些懒人沙发。

ID 在瑜伽体验中，希望通过设计营造怎样一种氛围？

支 我们希望营造一种自然、亲切、轻松的感觉，人们能感觉温润与温暖，从身体到精神都放松下来。瑜伽不同于其他的健身活动，它是贯穿身体和心灵的一种运动，对内在和周遭环境的要求更高，我们希望通过空间、材质的处理，让人沉浸其中，在城市忙碌的生活中，找到一处安静的角落。**END**

1.2　休息区

3　洗手间

4　精心搭配的陈设与植物

1	3
2	4 5 6

1-4 开敞明亮的公共区

5 瑜伽练习

6 家具细节

华鑫慧天地体验中心
CHINA FORTUNE WISDOM MARK EXPERIENCE CENTRE

| 摄　　影 | Herman Mao Photography |
| 资料提供 | 刘宇扬建筑事务所、茅氏设计 |

地　　点	上海浦东新区丹桂路999号
设计单位	刘宇扬建筑事务所、茅氏设计
主持建筑师	刘宇扬、Herman Mao
建设单位	华鑫置业
施工单位	上海建筑装饰有限公司
家具供应	MATSU,van collection
建筑面积	3 200m²
类　　型	销售展厅
装饰面积	1880m²
设计时间	2015年1月~2015年3月
施工时间	2015年4月~2016年2月

| 1 | 2 |

1　一层洽谈接待区
2　一层展厅：悬吊屏风划分多样的模型展示空间

　　如何用最少的设计动作让一个空间体现最多展示的可能性，是我们一开始思考的特殊议题。

　　项目是一个科技办公园区的销售展示中心，但业主所需要展示的装修面积只足够涵盖展示楼的两层面积。与其如此把所谓装修和毛坯区域毫无关联地按楼层分开而忽略了原来的空间关系，我们提出了分配有限的装修面积于所有的楼层，让局部装修过的体验空间和毛坯区域穿插并存，进而利用整栋楼的展示潜能，并扩展出空间的不同可能性。

　　有别于一般室内设计做到满的方式，每层楼只选择性地设计部分空间，以精装修区域展示多种体验的可能性，而让周围保留初始的空间状态，展现纯净的结构与光影，从而激发未来租户各自的想象，也预留出发挥空间，填入更多的故事。

　　首先，功能关系先明确了展示、咨询、休息、漫游之间的互动和流线，以不同的组合串联了和销售有关的体验序列。

　　接下来，在空间框架上，室内从建筑本身的窗洞系统上，衍生出以大窗洞为空间切换的空间语言，让每个门框转换成不同的空间体验，尤其是毛坯与新设计空间的转换界面。通过丰富的地面、墙面和顶棚轮廓的组合和变化，我们针对不同人群的需求置入了一系列体验空间：游客的参观空间、租户的咨询空间和内部员工的办公空间。

　　楼层空间规划上，一楼是主要的接待空间，从入口大厅两侧延伸出展览大厅和接待大厅。在两侧挑高的空间内，利用了层层的悬吊屏风衍生出了丰富的模型展示、投影、休息、观看、会谈和游走空间。二楼是展示与内用并存的办公空间。从电梯厅到达一个缓冲的休息展示综合区后，一侧是开阔的创意办公空间，一侧则是保留了原始毛坯的空间，让访客能直观地感受到之后扩充的可能性。三楼和四楼尽量无间断地体现广阔的毛坯空间，并在转角有大窗视野的区域植入了特色体验展示厅：三楼为休闲办公和经典家具的组合，四楼为总经理办公和现代家具的组合。所留白的毛坯空间将留给园区一个综合展览平台，邀请策展人不定期地举办文化展览。顶层的五楼，延续了一楼的悬吊屏风空间语言和三、四楼的植入体验室策略，设置了开阔的多功能厅和私密的互动式汇报厅，也利用顶层较好的采光，结合户外露台地面的变化，引导访客慢慢往外探索，在可环绕观看园区其他楼栋的自然休闲环境下，完成整栋楼的体验。

　　整个体验中心的内部在被设计与未被设计的空间组合之下，真实地展示了其空间本质以及其多样性的开发可能，为不同的人群带来完整的空间体验。**END**

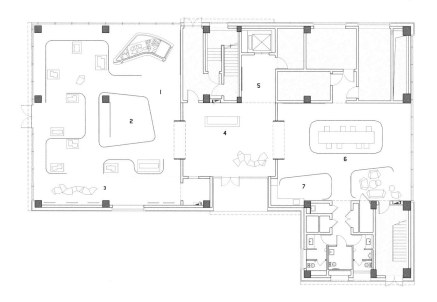

1 2	5
3 4	6 7

1.2 悬吊屏风划分多样的空间

3.4 一、二层平面

5 二层办公前厅，一侧是创意办公空间，另一侧是毛坯空间

6.7 三层现代装修的 VIP 洽谈室

0 1 2　　5　　　　10m

1　展览大厅
2　投影区
3　展览墙区
4　接待大厅
5　公司展示区
6　洽谈接待区
7　茶水间
8　办公前厅
9　管理办公
10　销售办公

1	3	4
2	5	

1　五层接待区，延续了一层的悬吊屏风空间语言

2　五层平面

3　四层露台

4　四层 VIP 洽谈空间，门框——毛坯与新设计空间的转换界面

5　五层特别展厅和办公室，左侧通向露台

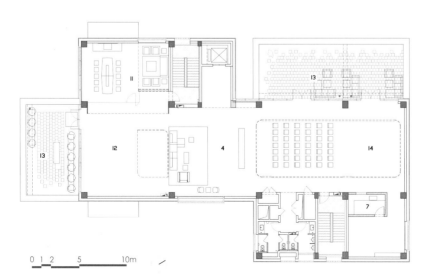

0　1　2　　5　　　10m

4	接待大厅
7	茶水间
11	VIP 咨询
12	特别展区
13	露台
14	多功能厅

花房匣居
WORK STUDIO IN A PLANT HOUSE

摄　　影	Liky Photos
资料提供	源计划建筑师事务所（O-office Architects）

地　　点	广州
建筑设计	源计划建筑师事务所（O-office Architects）
主持设计	何健翔、蒋滢
设计团队	黄城强、陈晓霖、张涛
结构顾问	宛树旗
建筑面积	1214m²
竣工时间	2017年1月

1　轻盈透明的花房美学空间
2　微型聚落通向户外的一个小屋
3　概念草图

　　快速城镇化影响下的城市更新由郊区到城乡结合部逐渐蔓延到城市以及城市中心，原有城市功能及其机制在新的功能肌体要求下不断产生变化。设计始于广州城东农科单位大院里一个花房开发项目，设计的部分占据朝南一侧花房的中间位置，周边有20世纪80年代典型园林风格的廊亭环绕。设计开始介入前，开发方已对花房做了大面积整体改造分租。出于对周边自然环境的热爱，以及恢复花房原来场所感的愿望，花房匣居的设计概念试图在一定程度上重新将现代人的工作生活与自然发生关系。

　　在原轻钢结构下，建筑师尝试模糊"人"与自然的边界，重新营造了乡村小屋般尺度亲切的新型办公空间——一个微型的绿色邻里聚落。花房屋面翻新的保温材料与透光卡布龙被完整地延续下来，为新的工作空间提供了全天候的自然采光和四季天气变化。同时二层新植入的小屋之间是完全通透的半户外流动空间，自然对流的通风加上采光使得室内犹如花园亭台般地适合植物生长。三棵纤细的小树妖娆茂密地把嫩绿叶片从首层大办公空间伸向二层，使得上下两层氛围截然不同的办公空间开始了有趣的对话。一个采用现场预制混凝土块体搭建的大台阶联系了上下两层空间，坚硬又起伏的形状间生长了柔软的彩色多肉植物。室内的、户外的、各种各样的绿色光影在镀锌钢板和层叠的玻璃表面之间形成有趣的漫反射光感，散落空间各个角落。

　　遍布珠三角蓬勃的制造业为建筑师带来了更多的灵活性，特制的热轧钢骨架手工木制门窗纤细地建构在小屋中，强化了轻盈透明的花房美学。END

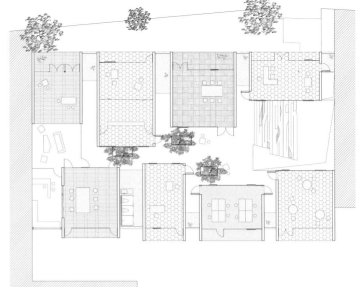

0 1 2   5m

1 2	4 5
3	6

1　一层平面

2　二层平面

3　新聚落小屋与环绕着的老园林廊亭

4　新型办公空间中的绿植

5　怀旧手工窗扇

6　自然通风与采光的半室外环境

1	3	4
2		5

1   办公室通透柔和的漫反射光

2   典型剖面

3   绿色聚落

4   手工木制开启扇

5   预制混凝土砌块和上面的多肉植物联系和区分了聚落的上下两层空间

得慧堂
DEHUI TEASPACE

撰　　文	春分
摄　　影	Kin Lo Photo
资料提供	Space Modification Unit(SMU)

地　　点	北京
设计单位	Space Modification Unit(SMU)
设计团队	卢家颖、Torsten Radunski
面　　积	250m²
竣工时间	2016年

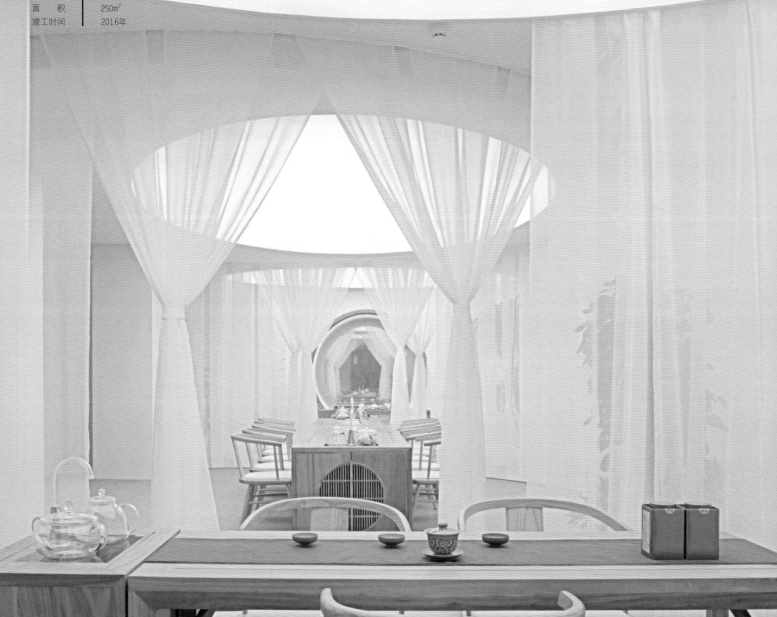

1	2 3
	4

1　主空间

2　立面大圆窗

3　白天外立面

4　夜景

得慧堂坐落于一个历史悠久并且近年来变化丰富的胡同区域，其白色的玻璃外立面和不锈钢切边与灰色调的胡同环境形成强烈对比，在繁忙而杂乱环境之中给予人们一个品茶和交流的空间，就仿若一个给予人们平静的孤岛。

"七年前，我作为建筑师来到中国，在中国最令人兴奋的事便是众多的差异性和强烈的对比，像是贫穷和富庶或高楼和矮屋彼此相邻。"该项目设计师 Torsten Radunski 说，"所以当设计这个空间时，我们面对的选择要么是和周围环境融为一体，要么是一个和周围环境完全对比的空间，最终我们选择了有对比感的方向。"

在整个空间中，三个圆柱体结构各自独立，由自顶棚垂下的白幔围合而成，打破了原本毫无特色的方盒子空间，圆柱之间的碎石小径又仿佛令人置身于露天花园之中。虽然整个空间的外观看起来与周边环境格格不入，但设计师却是参考了许多胡同里的中国传统元素。项目设计师卢家颖解释道，其实，喝茶的人有句话叫"众品得慧"，得慧堂里面的大空间的三个圆代表了三个"口"字，是个"品"字，三个圆里坐着人，是个"众"字，整个空间的设计理念亦是围绕了"众品得慧"的思想。

"在室内的材质上，我们回归茶艺的纯简本质，使用了榆木、水磨石、鹅卵石、亚麻等充满自然感的材质。"卢家颖说，"为了使空间重点集中于茶艺和社交活动上，纱幔可以有效地将墙和角落削减分散，是一种可以使空间柔化并且层次化的材质。" END

1　艺术廊

2　主茶空间

3　去贵宾室的小石阶

品茗

1　小茶空间
2　贵宾室
3.4　多功能活动茶室

永威南樾售楼处
YONGWEI NANYUE SALES OFFICE

资料提供 ｜ 吕永中设计事务所

地　　点 ｜ 郑州
主要材料 ｜ 灰色石材、障子纸、白蜡木、胡桃木
项目面积 ｜ 1000m²
竣工时间 ｜ 2016年

```
  |  2 3
  |
```

1   2号楼水吧区

2   古典比例的构图与线条

3   1号楼大堂吧

永威·南樾，地处郑州航空港区，是以大唐式建筑风格为定位的高档住宅类项目。整个售楼处由一个庭院和两栋建筑组成，作为售楼处本身功能，应该将楼盘本身的特质以及客户群体的审美倾向完整而极致地呈现出来。由于地块位置距离郑州市区较远，加上楼盘周边都处于正在建设过程当中，难免会给人以冷漠感。为此，我们提出的首要命题是：如何在远离城市原有中心的地方，营造一个稳定的、温暖的"家"？

丰富层次的立面构成，加上精心的灯光设计，营造出如教堂管风琴般向上伸展的中正与礼仪感。

两栋建筑中，位置靠前的1号楼，建筑风格类似北方气度的老式民居，整体呈条状布置，面积不大，初期需要满足售楼的基本功能，后期将成为小区会所。

吕永中先生提到："在中国人的审美中，不喜欢开门见山，喜欢一层一层地拨开，趣味就在其中，如同叙事一般，通过对层叠与开合的把握，不断创造具有丰富度的空间。通过建筑的语汇、空间的语汇、材质、色彩、灯光等手法，构建了一个引导人行走的流线。就像写文章一样，有逗号、顿号、句号，通过句子的长短、起承转合的叙事，来组建文章的高潮起伏。最小的一个例子，把每一块铺地石材的长宽尺寸缩小一点，人行走在其间，也会自然放慢脚步。"

进入2号楼大厅后，右侧接待台设计成一个透空结构的水吧区，在其背后设置一道半透的"墙"，作为水吧的"天幕"。中式的秩序，对景、借景、游走，在不大的面积内实现步移景异。"生活就像一个舞台，

就像你在看戏曲表演或歌剧，在舞台短短的10m、20m的距离里，营造丰富的层次。很多年前我参与剧院的设计时发现，舞台的幕有很多层，最后一层一般称之为'端景'，这就是'天幕'。"

位置靠后的2号楼是一个多层建筑，空间很长，通过一条水景将两侧的功能分隔开，增加了空间的变化，更显灵动。

原始的建筑是用混凝土做的坡顶，像传统民居的坡顶方式，形成一折一折的造型，两侧上半部分是透空的，建筑师希望利用这样的形式，形成特别的光感氛围。在建筑改造中考虑到，顶部的光线如果全部进入室内空间，功能上讲，会对室内沙盘的观看产生影响。同时，自然光的色温偏冷，尤其在阴雨天，不利于整体"家"的温暖氛围营造。为了对自然光进行过滤并控制色温，在原有

的建筑格栅之内增加一层纸屏，既柔化了光线，又弱化了原有建筑裸露格栅的粗旷感受。

建筑原有两侧格栅的位置很高，在改造中，考虑人身处其中的感受，通过不同角度的推敲，将纸屏放低，在立面构成上有意识将纸屏的比例放宽，希望它能够呈现中原的"松"的状态，而不是南方玲珑的"紧"的状态。

自然光通过建筑原有格栅投射到纸屏上，随着时间的改变，呈现出自然、丰富的变化效果。在屏与屏之间的水泥柱上定制了细长的装饰灯，灯背后晕出的光，幽幽地映在水泥柱上，进一步强调了空间的高耸，增加了空间的礼仪感和崇高感。

所有的屏风、格栅、墙板，都是放在整体系统里考量，经过有序的组织构建，并将家具工艺的手法运用到空间造型语言中去。用逻辑、严谨的骨骼关系，形成秩序，让秩序产生美。

"秩序，在空间里各个层面展开，在整个建筑的高低错落中展开，响应着身在其中的人的行为方式。"

在吕永中先生的设计理念里，一直强调整体思维的格局，一切从系统出发、从人的行为出发，空间营造围绕严密的逻辑展开。他认为，美是经得住时间的漂亮，是耐看的、有修养的，需要控制在某个最合适的"度"上。

层层递进的空间游走体验，古典三段式比例尺度，细腻木作工艺的介入，稳重安静的氛围中增添家的温暖，加上整体控制下逻辑严谨的系统思维，永威·南樾售楼处，实现售楼处商业价值与人文价值的最大化。此案例的设计，借鉴一句他人的评价，即"宁静而肃穆的现代东方"。**END**

1　1号楼沙盘展示

2　1号入口接待

3　VIP 接待室

4　立面骨骼

5　光的研究手稿

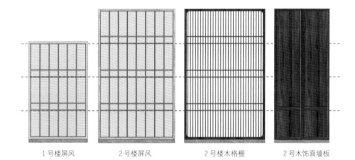

1号楼屏风　　2号楼屏风　　2号楼木格栅　　2号木饰面墙板

北京华彬费尔蒙酒店
FAIRMONT HUABIN BEIJING

撰　文	小子
资料提供	北京华彬费尔蒙酒店

地　点	北京建国门外永安东里8号
建筑设计	Paul Tange
室内设计	新加坡LTW设计公司

1 费尔蒙金尊

2 酒店夜景

3 大堂

华彬费尔蒙酒店位于北京 CBD 中心地带，这幢雄伟的 23 层地标性建筑由过街天桥连接起来，可见世界著名建筑师 Paul Tange 对古老的中式城门之崇敬之心。室内设计则由新加坡 LTW 设计公司精心打造，营造了传统与现代完美融合的气氛。

进入酒店，迎面是木质中式隔扇，隐隐约约可见大堂吧里穿梭的人影和斑驳的光影。右侧是低调的现代简洁的前台，背景是淡雅的荷花画面。顶部雕塑般曲线型的灯饰给空间带来了流动感。

酒店拥有特色不一的 222 间设备完善的客房及套房，充满设计感的客房拥有先进的科技设备，房间内落地窗的设计将嘈杂都市隔离，营造了一片私享的城市绿洲。

费尔蒙金尊位于酒店 20 层。在这里，可以在过街天桥上实现专属特色服务，提供私密入住手续办理、先进的设备设施专用礼宾服务以及免费享受费尔蒙金尊行政酒廊，其中包括免费全套早餐、英式或中式下午茶、精选创意点心以及晚间鸡尾酒。房间内更设有水疗式浴室。

中餐厅借景室外中式庭院，包间环境郁郁葱葱，中式盆景设计使其风格独特而倍受欢迎。

通往蔚柳溪水疗（Willow Stream Spa）的走廊神秘而安静，在此可尽情地享受水疗放松及健身解压体验，这里配备国内最顶级的健身设备及瑜伽房。

酒店设有的三个设施一流的会议室与活动场所，灵感源自北京传统民宅，可同时招待 200 位宾客。

酒店内设有众多现代中国艺术品，充满浓重的艺术氛围。END

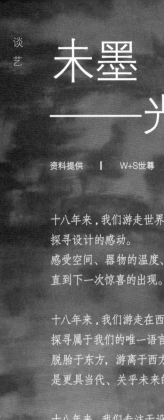

未墨
——光阴沉淀后的优雅上线

资料提供 │ W+S世尊

十八年来，我们游走世界，
探寻设计的感动。
感受空间、器物的温度、气味、视觉……
直到下一次惊喜的出现。

十八年来，我们游走在西方与东方之间，
探寻属于我们的唯一语言。
脱胎于东方，游离于西方，
是更具当代、关乎未来的设计。

十八年来，我们专注于设计，
用时间累积厚度，
用匠心打磨考究工艺，
呈现最极致的优雅生活方式。

遥远的过往、湛然的留白，
点亮每一个在当下奔忙的人们，
静谧安然，独归自由原初，
纳万象于方寸之间。

	2
1	---
	3

"恰是未曾着墨处，烟波浩渺满目前" ——未墨，W+S 世尊设计旗下的全新时光感家居品牌，经过 18 年的酝酿，优雅亮相于世。W+S 世尊设计由知名设计师吴滨先生于 1998 年创立，植根于 "摩登东方" 的设计语境，未墨延续了品牌的浪漫情结，同时打造极致唯美的艺术生活方式，在经典的北欧设计基础上，融入了当代东方的视角。

计白当黑，中国传统水墨画中欲言又止的留白，是最悠远的时空；巧拙相生，于无为处有为。"未"，是一种尚未发生、未经雕琢的感觉，正如画中的留白，是写意的抽象。"墨" 是升到最顶端的青烟，于视觉的存在与不存在之间，成为曾经有过的记忆。

2016 年 9 月 8 日，未墨于淮海中路 W+S 世尊家居艺术廊正式发布，第一次向公众展示了它的优雅气质。2017 年 3 月，她亦亮相于 "设计上海" 的盛宴，以 GALLERY 画廊的形式，将家具如同艺术品般地自由呈现。悠远的东方明式家具曾是北欧设计遥远的灵感，不同国度地域设计在时空往复循环中，交织出未墨简洁线条、天然纹理、协调比例与温和高雅的几何形态，唤醒人类共通点——对自然、对生命、对天地的敬畏回应。纯粹的匠心、时光里的故事和千百年来的文化传承，沉淀凝结成经年轮回的当代木作，落入时空里的家。

创始人吴滨先生作为国内最早一批进行室内设计且涉足家居领域的设计师，在他 20 多年的设计生涯中，创造了无数精彩的作品。作为 W+S 世尊的第二个系列品牌，酝酿了 18 年的未墨，在他看来具有怎样的内涵？下文有幸邀请了吴滨先生，谈谈他对未墨的理解。

1	2	3
		4

1-4 未墨于 W+S 世尊家居艺术廊中的陈列

ID= 室内设计师

W= 吴滨

ID 未墨之名来源于中国山水中的留白意境，您又是学习水墨出身，品牌的创立是否也是内心情怀和精神向往的一种寄托？

W 未墨一名取自诗句"恰是未曾着墨处，烟波浩渺满目前"，表达的是中国传统水墨画中留白所带来的悠远时空，是对东方美学中"空"与"无"的体悟。未墨所要传达的是一种静谧安然的整体气质，可以在不同的空间中表现出不同的性格和气场，它对空间的强大包容力，便是留白的力量。

ID 造型和手法决定风格，而细节更凸显品质，未墨在细节上有没有许多考究，在使用时能带来微小的惊喜？

W 为了实现未墨的唯一性，我们对人体工学上最考究的北欧经典家具，做了再一次的剖析和更精到的把握，例如对于座椅，并不完全借助于软包来增强人体工学的舒适度，且摒弃了传统的法式或欧式的加工手法，把所有的装饰去掉。追溯椅子本身，以建筑、雕塑的手法实现椅子的结构，让每一个结构都真实有效。使得每一件产品，不仅是一件工业品，更是一件艺术品。

ID 为了表现最好的效果，生产制作应该也经过了许多反复和推敲的过程，有没有什么有趣的故事？

W 的确，那是一个漫长但却精彩的过程。例如，在材料的选择上，我们尝试了很多种不同的选择，而最终以胡桃木、橡木为主，木本身所拥有的自然属性，天然纹理与温润质感都赋予了木作沉稳的人文色彩；而对于皮革的选择，我们也是经过了很多不同的尝试，而后大部分选用了透着时光感的、有着作旧效果的哑光牛皮。整个过程中的每一次触摸，都似乎是一次与时光的对话，惟妙而有趣。

ID 未墨融入了东方和西方的双重内涵，这两者是如何体现与互相平衡的？

W 未墨的灵感源于 20 世纪四五十年代的北欧设计，又赋予了它当代的东方视角。我们希望用东方的气质美学营造有意境的空间，推敲人与自然的关系，艺术地表达生活和对细节的精到把握，虽东方但不止于东方，是将东方对事物的优雅及西方对人性化设计的完美结合。

ID 目前，优秀的家居设计品牌很多，手法越来越多元，新式东方风格也不少，未墨具有一种怎样独特的品质或吸引力？

W 未墨有别于市面上的任何一种木作风格，既不是纯粹模仿学习西方，也不是原创中国风，而是用东方的审美精神融合西方的经典设计，是一种全新的、独特的设计手法，也就是所谓的"摩登东方"。摩登东方的灵魂，是人与自然的关系，以时间、空间为纽带，将艺术、生活结合并再创作。**END**

闵向

建筑师，建筑评论者。

青年建筑师为啥怨气冲天？

撰 文 | 闵向

知乎有个问题："建筑师是一个令人绝望的职业吗？"我轻描淡写的回答："绝望的是无能之人，不是建筑师这个职业"，引来不少青年建筑师怼。怼这些回帖既无法平复青年人的怨气，也浪费我的时间。但触发了我的一个思考："青年建筑师为啥怨气冲天？"

于是我安排助手做了一个小范围的调查，她总结了三点：1. 现实工作和大学教育的职业形象差距太大，常常沦于琐碎无趣的工作中；2. 收入已经比不上其他行业了，不要说码农、金融业，就连机械工程师的起薪也追平建筑师了；3. 工作时间超长，经常加班。其实我觉得可能还有第 4 点：得不到尊重，比如甲方。

我回想自己入职一年的时候，前三点其实也是存在的，不过第一点没那么严重，因为我们那时的大学教育和职业教育还是比较接近的，如今大学教育的确和建筑师职业脱节了，学生从构思到概念形成或许已经套路

甚多，但对概念落成到建筑建成之间漫长痛苦的过程没有丝毫思想准备，大学里也不会教项目管理，于是进入设计院，几乎都要重头开始学习许多知识，落差一定是大的。看来大学建筑学教育是要改正了。第二，我们入行的时候，起薪也很低，和其他行业十倍之差也有，不过私活可补，有自由，尽管工作时间一直超长，但有成就感。最后，那时甲方无论政府部门还是刚起步的房地产商还是很尊重建筑师的，青年人的压力反而是来自于设计院严格的技术管理等级层次。

如果这些点就要怨气冲天，我觉得还不够真实。于是我调查了工作三到五年的员工。他们的回答惊人一致，房价高企已经让他们有些绝望。他们感受到的是这个城市的恶意。是啊，从 1999 年带实习生开始，我见过几百名抱着理想和希望的青年建筑师拖一个皮箱就来到上海，工作几年就可以买房安顿下来，这个城市宽容并友善。这几年

房地产形式不好，刚刚毕业的学生面临普遍降薪的窘境，收入对比房价，觉得一辈子要被裹挟了。去年开始，不少工作三到五年的、有年资的建筑师离开了上海，来到二线城市定居，收入未见得少多少，但房价让人觉得不至于那么遥不可及。这就触发了知乎另外一个问题："为什么设计院招工难？"在今年房地产复苏的风口，不是招工难，是招有经验的设计师难哪。

到这时，我理解了建筑师们的怨气，低薪、工作超时又如何？被迫剥夺了职业自豪感和在这个城市奋斗的信心和勇气，这才真正伤害每一颗不甘平凡的心呢。那么我们需要同情青年建筑师吗？回答是不需要，同情是最廉价的，毫无益处。

那么我们需要帮助青年建筑师吗？回答是必须。青年人宜居的城市才是有未来的。但那些寄希望前辈主动让位并把机会双手奉上的青年建筑师不需要帮助，生活从没那么容易。

那么我们怎么帮？行业的设计费已经

好多年没涨了，早就陷入低价和拖款的恶性循环，与此相比，人力成本则已经高达公司收入的四成左右，于是"为什么设计公司老板怨气冲天"会是另外一个话题了。作为前辈，我们只有建筑学这个工具。

我们是否可以用建筑学来帮助青年建筑师？也许可以。但我不赞成把房子越设计越小、越设计越远。我希望青年人不要被驱赶到郊区。我觉得如何结合城市更新，利用存量房改造才是机会。我通过对女性bnb的研究，觉得可以为年轻人创造一个分享地产模式，把一部分使用权释放出来换取本职工作外的第二收入，这个收入可以平衡还贷。我们应该把不同存量房收集起来，是不是一个小区不重要，委托第三方或者建立一个物业管理公司，管理所有分享出来空间的预定、清洁和收费。至于设计，我们可以号召青年建筑师自己设计，支付基本成本设计费后，看他的意愿是否愿意将设计费折算成自己的房价折扣或者现金，这样两便。我觉得组织

青年建筑师激活存量房和城市更新是重建职业自豪感和大都市生存信心的机会，这样的上海才是梦想所在。

我是在口嗨吗？不是，我从2015年开始，选取了三个样板，都是市中心被人忽视的陈旧居住空间加以改造，每个空间释放出的bnb在市场的价格都成功地平衡了房贷或者为业主增加了客观的第二收入。那么除了bnb还有其他分享功能吗？有的，我注意到了一些创业者针对空间的分享新模式高过bnb的利润，基于保密暂不透露。青年建筑师能获得什么？自己的作品和关注度，生活质量提高，如果我们要帮助这个城市的年轻人，不如先从我们自己人开始，从青年建筑师开始，这样的建筑学才是件有意义的。

我能获得什么？作为上海人，希望大家热爱这个城市，没有一个人面对家乡被埋怨指责而会无动于衷，我希望通过我的努力，让上海变得人人所爱。END

陈卫新

设计师，诗人。现居南京。地域文化关注者。
长期从事历史建筑的修缮与设计，主张以低成
本的自然更新方式活化城市历史街区。

想象的怀旧——旅行日记

撰　文 ｜ 陈卫新

1

昨天转机，临近机场的时候，天空中忽然出现一条与地面近乎垂直的彩虹。明艳，清晰，在上方保持了一种很稳定的弧度，像提琴的某一个局部，鼓起的地方有饱满的光泽，接近更高的天空。土地上沉郁的林木，如同打开一本陌生又安静的书，那些字一棵一棵地直立着，明白无误却无法阅读，因为那种直立是深深地渗入并融化在泥土之中的。我辨识不了这样充满生机的文字，那些笔划过于鲜活，随时随地成长蔓延。远处的云，带着绒毛的触须，与河流一样迅速地流动着。图图说："这儿的云与南京河西也无大异，这到底是一个天啊。"是啊，天涯此时，时间与空间，这里依然是河西，只是更西而已。

女王的家附近，有泰晤士河的一条支流。天鹅成群。据说所有的天鹅都算是她家养的，所以不能动它。我们只是沿着小路随便走走。想起在成都杜甫草堂，以及那条烂漫的花径，"黄四娘家花满蹊"，贫穷与富贵该如何论呢？离开南京那天，在城南小坐，桃叶渡的茶水是清淡的，有市俗精神的余香。作为一个冷静的观望者，我无意换成消费的心态。就像图图说的，英国更像是一个悲剧。天空冷冷的蓝映照下来，近乎固态，似乎在水面下面有薄薄的一片，天鹅的黑掌一拨，便四下散了，仿佛大英帝国过去的辉煌。

2

下午经过哈罗德商场，建筑的外立面看上去挺有修养的。老板是中东人。与黛安娜出事的那位，就是哈罗德的少东家。今天恰好是"一战"纪念日，查尔斯王子正在广场搞纪念活动，人流如潮，红色如炬。两两相对，物是人非。于是感叹山水草木人情人心。过广场，有丘吉尔像。丘吉尔说过一句类似的话："我宁可失去十个印度，也不能失去一个莎士比亚。"莎士比亚的确是英国的，但印度怎么比呢？占领那么多年，获利无数。这种比拟，有失厚道。当然这与他的家族传统相关。想得到，也没什么意外。所以他是民族英雄甚至拿到了诺贝尔文学奖。河之两岸，高技派的建筑不少。在小馆坐下，远远地看去，"小黄瓜"可以下酒了。据说南京双子塔是请扎哈做的，江边还建了南京眼，用这只眼睛看什么呢？这是一种进步，还是一种倒退？

从泰特美术馆出来，雨已经停了。天色忽然亮了起来。站在千禧桥上，金属材料的质感带来一种轻巧的体验。风从脚下穿过，人虽没有御风之态，但手指间的确是有风存在的。在泰特的涡旋厅，沙尔塞朵《口令》的痕迹还在，我与图图顺着那条著名的裂缝一直走到了大厅中间，那里一片空寂，似乎还能见到艾未未《葵花籽》展出时的大阵仗。"人人都是向阳花"，我与图图说了些小时候的事，他表情漠然，对于我的这种类似的记

忆，他一直表示怀疑。在出口的一处坡道上，我停下脚步，问图图："你觉得艺术是什么？"图图说："我现在有点累，艺术应该是一把有舒适度的椅子。"

3

今天是"一战"纪念日，在塔堡外面，也就是原来护城河的草地上，有人用 88 万朵特别材质的罂粟花，布置了一条红色的河，纪念因"一战"逝去的生命，肃穆又奔动。这条从墙上悬挂下来的河，穿越草地，一直流向河湾，气氛极佳。这种怀旧之中有创意的思维耐人寻味。换个角度看，创新与怀旧从不矛盾。饭后，与图图在河边站了一会儿。泰晤士河两岸的灯亮了，天色未黑，余下的蓝光十分美好。街道上小馆里外坐满了下班的人。看来回家前喝一杯，是一种不错的习惯。因为从塔堡外的经过，晚上写了一段文字，"从无名窗口跌落，塔堡的背光冰冷，子弹坚硬如冰，击碎呼吸与浪花，破灭的可怜的罂粟之红，八十八万次的战栗，死于孤立的荣光，身在阴霾深暗的海峡。"

地铁，如同红色旋风一样进站，映红了站着聊天的两个年轻女子的脸，鲜艳如花。当初，英国人最早搞出了地铁，马车经常会被地下冒出的黑烟吓着。地铁站里充满了过去的气息，真喜欢英国人这种惜物怀旧之心。圆形的小车厢，弧形玻璃，在座椅里安静地往外看去，《猩球大战Ⅱ》的海报触目惊心。一个多世纪，一晃而过。

回住处的路上，经过海德一号公寓，售价每平方米 66 万人民币，贵极。古人说，"常倚曲阑贪看水，不安四壁怕遮山。"大块的玻璃，如同隐去的墙壁。当下的世界纷繁莫辩，人心又偏偏永远有那么多的贪念。除了买楼看山，还能做点什么呢。但也有人说过"不畏浮云遮望眼"的。忽然间，就想起章云家的烤鸭来，老卤、皮脆肉干，那也是人生之中的另一番好处。南京已入秋，算一下，等到回去的时候，螃蟹也就快要上市了。

4

达剑桥，天色近暗。在路的两侧是大片割完的麦田，满满的、沉着的金黄色，农机与村舍遥遥可见。住处房子的外面，是大片的草坪，草坪内有巨树、缓坡，以及巨树在缓坡上拉长的阴影。一匹不知何用的白马正走来走去。事实上许多事物是不必想用处的，一想便寡味了。我固执地站了一会儿，也许再站一会儿，白马存在的意义就变了。下午，在跳蚤市场淘了一本关于战争史的老版本书，算是图图的礼物，书的封面就是一匹战马。此刻，眼前的白马淡淡地吃草，如同太阳缓慢地落下。遥远的山丘，白马光滑的肩背成了一条发光的弧线，最远的便是那团落日。"自觉一刻到秋凉"，寒气略微，衣薄难胜，便返身回行了，推门入屋，灯火暖意如同英式热茶在握，只是不知白马今夜住在何处。

康河的"柔波"够凉，濯不了足，只能掬水听野鸭争食。因为半仰在船上，所以视线低近水面，水波中多是曲折的倒影。去斯坦福德镇的路上，一直在下雨。萨翁故居在乡下，所以雕饰不多，且有天然意。48岁归隐，合乎天意。那一年大约是万历四十年，中国宣布了海禁，文人们在自己的内宅园林玩得不亦乐乎。萨翁的房子，虽然是后建的，但从屋顶到外立面，朴素贴切，古意可同宋元园林。元人的园亭小景，只用树石坡池，随意点置，以亭台篱径，映带曲折，天趣萧闲，那种审美多有自然随机之意，无意精巧，反得神韵。今年专门去过苏州沧浪亭，发现与二十年前大有变化。原先的野逸气没了，河岸对面新建建筑体量之大，让人扫兴。不知门东的芥子园如何修建？李渔比萨翁小四十来岁，可惜他们不相识。

喜欢住小镇的感觉。在莎翁像的附近，晨练人也不少，没有大妈舞，好些人相互都认识，散步、溜狗、打招呼。人心定，世事亦安。小镇一直修，但印象完整。我们的修缮为什么每次都要急，要风风火火一次性完成，前不做细化方案，后不留调整可能。决

策者不急时，谁也不急，因为多做多错，决策者急时，便打群架。苦劳多功劳少，人的职业幸福感在何处？想起渔池岸27号，现在易主了，还可能去住一住吗？不知道。昨晚碰到的一双老夫妻，此刻在船舱里玩纸牌，船是停着的，天鹅在水的另一侧，逆光游来，安祥至极。回住处碰到一家人在举办婚礼，长幼有序，过程简单而有深情。

5

"空山新雨后，天气晚来秋。"一路的雨，一路的丘陵山地，温度也越来越低。牧场中懒散的牛羊，独立的马，巨树之下的小教堂，还有激飞的云雀。喜欢苏格兰，因为一种自由独立的精神。格子布、风笛、华莱士与酒。经过大象餐厅，哈利波特的诞生地，J.K.罗琳，一个平常的女子，成就她的也许只是安静的心。因为刚好赶上了爱丁堡艺术节，街上的人很多。走去街心教堂里，听了好一会儿唱诗班的练声，无伴奏，简单美好。在和声分部里，我们无法忽视旋律本身产生的力量。那是一种超越权利的力量。我想在设计

里出现的一些权利背景下的成就，其实本质都是软弱的。

晚上点的主菜是焗鸡脯肉、酱烤猪排。英国人的菜也还行，没有听说的那么差。爱丁堡艺术节每年都要在城堡外搭建临时舞台，艺术节结束再拆除，我仔细看了下，搭建极其周密，各环节控制得很好，因为下雨，甚至每一盏大灯，都有专门的罩子罩着，真敬业，或者说真专业。更多的团队是在小馆或小剧场表演的，虽然节目小，但专注，节目单与海报也是用心去做的，看起来还是很有设计感的。

6

渡过爱尔兰海，船务公司服务极散漫，不是浪漫那一种慢，好在所有人都比较安静。坐船上闲聊挺好，船行不快，间歇有雨。海水特别的蓝，深沉，浪几乎都是无形。偶尔有一两只海鸟飞过。云彩的变化奇异而多幻，有一刻像极了中国的水墨山水，横向的云朵，浓淡干湿皆具，似乎重峦叠嶂，长溪平湖逶迤而下。已是九点的时辰，阳光虽西沉却远远地

保持着灿烂，那些云彩让它或隐或现，有时从厚云的背后下彻，如神光乍至。抵岸的时候，心才落实下来。不远处即泰坦尼克号诞生的船坞，但是我一点去看的愿望都没有了。

翡翠绿岛的雨，说下就下，说停就停，人是无法抵抗这种安排的，当然也无需抵抗。满街都是手执雨伞的人，这种天气恐怕就是滋生文学的天气。四百多万人的地方，出了四个诺贝尔文学奖得主，叶芝、萧伯纳、写《等待戈多》的贝克特，还有另一位诗人谢默斯·希尼。但这事是不能按人数分摊的，按城市人口算，南京人最少也应该拿了八个了。当然，南京的确也拿过。都柏林，翻译为黑水潭，真是直白，虽然比不上雁渡寒潭有意思，但不矫情也是美德。桀骜不驯的王尔德塑像，坐在路边的石头上，百无聊赖，入了神。去小馆喝黑啤，伟大的乔伊斯就住在街对面，我与图图走过去，那是一个上坡，帕莱尔街 35 号，门前有花，金色的花环门扣在夕阳下发光。门关着，从窗看进去空寂无人。《尤利西斯》太深，一直读不下去。但不碍在门口石阶上小坐一会儿。路边，一位长发的男子，蹲在地上极耐心地系一根绳子，

在一个黑色的电线杆上，然后又把面包掰成小块，夹在绳子与杆子的接触面上。这是一个迷。想起小时候读过一本什么书，说萧伯纳在自家院子里做的书房，不大，可以转动的，所以书桌可以一直对着阳光。真是一个天真的想法。叶芝的《当你老了》有名，但我喜欢另外一首短的，"虽然壮歌不再重唱，我们有的也乐趣幽深，岸边的卵石咯咯地叫，在海潮退落以后。"我想说，GUINNESS 啤酒不错，都柏林不错，他们都不错。

在一个庄园，我写了两段话："忿恨荆棘与阳光，崭新的盔甲埋在土里，长出金属的花"。另一首是因为发现了一处日本式园子，"池塘静照的石头，年岁如彤云流动，高松垂怜鲜美的裙裾。木桥如此之浅，水声新叶滴翠。人们每天经过，却不知归途即是来路。且坐在疏木亭中，聆听山上城堡的号角。"不知道为什么，我就是想直接写下来。

7

街头有演艺者，围观的人多，仰着脸憨笑。图图说，外国人的憨笑真实在。街边施

工围挡，工人正铺石块，其中一个举着大皮锤，一下一下地往下夯，大力的夯。不远处，一个大教室的山墙，裸露在阳光中，呈现出一种曝光过度的效果，旁边一幢楼的阴影倒在上面，看上去像塌掉了一角。我与图图要从那塌掉的一角拐进去，去找一家所谓的诗人酒吧。小巷里一个小男孩在弹唱，他可能没抢到好的地势，几乎无人听，但他唱得用心，白皙的脸上每一颗雀斑都涨得深沉。沿着街巷，铺子外面坐满了饮酒喝咖啡的人，何处不是诗人酒吧呢？有人说："任何时代的生活都是日常生活"。我觉得这话讲得真好，很公平。图图买了一种叫 PERONI 的啤酒，父子俩在一个高台边坐下。音乐散漫，一个女子在独唱，配乐有一段是口哨，有瑕疵，但真实可靠，是落地的音乐。以前有一首爱尔兰歌——《夏日最后的玫瑰》，多么打动人心。现在这首也不错，吧台的姑娘抬着下巴，扭了好一会儿。她的眼睛可真的漂亮。说什么呢？总想与图图安静地说会儿话，但真的坐下来，却发现不知说什么了。他给我加酒。他说："爸爸，你有点老了。"是的，儿子，上帝也老了。▣END

高蓓

建筑师、建筑学博士。曾任美国菲利浦约翰逊及
艾伦理奇（PJAR）建筑设计事务所中国总裁，现
任美国优联加（UN+）建筑设计事务所总裁。

花房月记

撰　文 ｜ 高蓓

三月

海棠和翠卢莉们都喜欢
雨水和暖和的潮气
琉璃苣举着花间的权杖
旱金莲的花儿开出红彤彤的小灯

三月的吊床做着晏殊的梦
结香的气味让它沉醉不醒

柑橘花苞的香槟只适合早上
夜晚　应该丰盛以待
红酒和柠檬汁要热一热
加一颗丁香
再放一点白兰地在酒锅
这样的春夜里不可以醉成一团
你最好一点点抿进

亲密的微醺
然后去草地上大声呼喊

你不要管她们

三月的她们互相依靠
三月的她们各自忙活
所有的镣铐都解开了
所有的秘密等着揭晓
三月不是远方

三月是你
不顾一切的成长

四月

我坐在姹紫嫣红中
掌心里只握着一枚小小的叶子
春日迟迟
说的是你可以换上拖延症
谁让这样美的光景
我们都想要一些挽留的可能

四月属于 没完没了的秋千
我坐在姹紫嫣红中
掌心里只握着一枚小小的叶子
四月属于 一个遇见

五月

土豆花开了
我从花房走向原野
新生的天空歌颂奔跑的风
一株诚实的麦蒿比得上一千个昨日

花房里到处都是美丽的话语
浸满雏菊的细汗
是时候到田野里去采撷那一簇簇
小小的箴言

五月不可贪婪
最好在大地的小孔洞口
等待邂逅一只 为了莴苣叶谋生的野兔
或者眺望在河边割不尽的苇草
像面对一个清纯而茂密的女子
关上心事

五月
世界对我情意绵绵
我们两不相欠

六月

这个季节
白昼总想探知夜晚
我总想探望那条河流

她仿佛那样浅白
却可能是欲言又止
每个黄昏
夕阳沐浴她的随意
将之整理成神圣
世界为她投下 温柔的倒影

我坐在岸边上
凝视
爱与叹息
一面旗帜的明亮和美丽
在六月 END

Les Cols 探访游记
——行走于 RCR 的家乡奥洛特

撰文、摄影 ┃ 李真、潘岩

RCR 建筑师事务所所在的奥洛特 Olot 小城，是三位创始人建筑师的家乡，也是西班牙加泰罗尼亚的赫罗纳省 Garrotxa 的首府，位于巴塞罗那西北方向，距巴塞罗那车程大约 1.5 小时。Olot 是著名的火山小城，附近有大小火山遗迹数十座，常住人口 3.3 万人，宁静安详，享有"小瑞士"之称。Les Cols 是 RCR 在 Olot 小城的一个重要项目，延续近 10 年的时间，前后分三期，2002 年完成了 Les Cols Restaurant，2005 年完成了有 5 间客房的 Les Cols Pavilions，2011 年又完成了餐厅加建部分的室外宴会厅（帐亭）Les Cols Marquee。

	2 3
1	4 5
	6
	7

1 Les Cols 酒店部分的绿色玻璃

2 Les Cols 大门入口处

3 餐厅入口

4 餐厅内景

5 餐厅厨房

6 Les Cols 演进图

7 Les Cols 区位总平图

1999 年　　　　2002 年　　　　2005 年　　　　2010 年

初入 Les Cols

我们到达奥洛特 Olot 小城，是 2016 年 10 月一个阳光明媚的下午，初秋时节，西班牙的乡间仍四处绿意盎然，阳光暖煦。小城沿途的样貌算是十分平常，车开到 Les Cols 的门口，仍不见任何卓异之处，除了门口立着的铭牌能够确认这里就是我们的目的地，打眼望去，绿篱砖石墙瓦屋面，被郁郁葱葱的藤蔓和绿树掩映着，倒像是一派老式欧洲乡村酒馆或度假屋的感觉。

大门口两条材质迥异的小径：一条通往餐厅，是带凸点的发锈钢板，另一条通往酒店，是黑色的细碎小石粒及黑土铺设的。我们停好车，径直往餐厅里去，一心想早些看到 Les Cols 的宴会厅，盘算着先在餐厅简单点些酒水和点心，然后借机参观宴会厅，晚上再享用这里著名的米其林大餐。餐厅的主

体在 17 世纪的一栋石头老房子中，新建部分外加出一个长条的体量，餐厅入口处一段连续的扭曲钢片立面正是 RCR 常用的的语言。进入室内，眼见的就餐空间是两条正交的长方形纵深空间，古典对称，天花略低矮，整体看着很舒服，但并不算特别惊艳。淡金色的金属餐椅引人注意，风格极简，应该是为餐厅定制设计的。我们向餐厅服务人员说明来意，却被告知这里只提供米其林套餐服务，不提供任何菜品或酒水的单点服务，而这会儿正是用餐高峰，并不方便接待只是参观的我们。看来要想参观只能在这里吃米其林套餐，考虑到我们中午已经吃得很饱，实在不想硬撑着肚皮浪费了一顿饕餮，而偏巧这里当晚不提供餐饮服务，要一睹 Les Cols 宴会厅的风采，只能等到第二天的午餐了。

带着小小的失望，我们折返回大门口，

1 从 Sant Joan de Les Abadesas 到 Olot 的公路

2 从 Ripoll 到 Olot 的国道 260（途经比利牛斯山）

3 Garrinada 火山

4 Les Cols 项目用地

5 Les Tries 公路

6 Fluvia 河

7 Les Cols 餐厅

8 Les Cols 酒店（居亭）

9 Les Cols 宴会厅（帐亭）

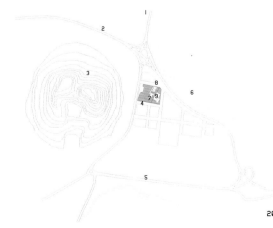

从车子后备箱里收拾出行李，往酒店那边去。黑色的石子小径通往靠近绿蔓墙上的一个通长的竖向开口，进入后是一个像谷仓或农舍的非常幽暗的空间，斜对角处另一条竖向通长开口，是通向酒店房间的出口，入口的左手边一个小小的黑色台子，就是酒店接待台的所在了。听到我们的动静，一位年轻男子从接待台后的黑色小门里走出来，友好地打过招呼，开始帮我们办理入住手续。我们趁机仔细打量这个空间：这像是一栋乡间老屋的半间，黑色小门通往老屋的另一半，应该是办公或仓储，上部与这间联通。屋顶是传统木构的暴露结构，未作特殊处理，地面延续了进入小径的材质，黑黝黝地四下延展开，又向出口延伸出去；墙面的抹灰处理非常特别，表面斑驳粗砺的手工涂抹肌理按照一定

的方向展开又不断变化，像是巨幅的抽象画。这样材质的墙面和地面，配合幽暗的光环境，让空间的形状和界面交线在感知中变得模糊起来，人的注意力会更多地聚焦在界面质感上，整体有种强烈的玄秘感。除了接待台，这里没有设置任何的家具或坐具，也并非完全闭合的室内空间，同时采取室外化的地面铺装，有意设定为短暂的停留空间，和传统现代主义建筑里的室内空间或灰空间处理都不相同，倒让人想起乡村的马厩或谷仓。

办好入住手续，酒店的工作人员带我们去房间，接待室出口处有一片小小的金属弹簧栅栏，他特意向我们演示如何打开机关，而这只是解锁 Les Cols 一系列奇特"机关"设置的开始。走出室外，展现在我们眼前的是一幅和大门入口处完全不同的景象：这是

一个被树木、老屋石墙环绕的"异境"花园，排布紧密的2m左右高的墨绿色金属细柱密密匝匝地涌向黑石子小径的一边，很像是当代艺术装置，让人联想到树林或竹林，仅有的5间客房就隐藏在其中。与黑色小径相交的两条银色金属网板的通道，分别通往五个居住单元。中间的通道两边是对称的深绿色磨砂玻璃肋隔断，玻璃肋转向不同的角度，莫名有种绿色飞溅的感觉，让人不禁联想起摩西用神迹分开红海的场景。

我们的房间在靠里面那条通道的第一间，门是绿漆的金属门，门禁密码锁的数字字体是特别设计过的，像是某种外星文字，按动密码的那一刻，感觉很像《机械姬》里男主角到达那所神秘豪宅的场景，似乎一段奇遇马上就要开始了。进入房间，仿佛进入了一块多重切割的绿色晶体内部，一切都笼罩在幽绿色的光晕里。

Les Cols 的酒店部分被称作 Pavillions

（亭），这个有许多块面的玻璃盒子，并非是传统意义上的酒店房间，倒更适合被称为"居亭"。"居亭"单元前后排布紧密的墨绿漆金属细柱，是私密性隔断，深绿色的磨砂玻璃肋作为居住单元，内外兼有半私密性隔断，透明的浅绿色玻璃是房间划分居住单元的非私密性内部隔断，建构逻辑十分清晰。一个"居亭"单元有两个开间，一个是卧室，另一个是卫生间、淋浴和泡澡的恒温水池，建筑界面都是玻璃的，由简洁的钢架结构支撑。室内部分相对于室外的花园是抬高架空的，花园里带有沟槽的火山岩硬地。卧室地面高出花园地面约60cm，在面向前花园的地板边缘坐下赏景，尺度适宜，和花园的关系很像日本传统住宅的做法。两个开间之间用一个小小的过道连接，这里设置有特制的内嵌式冰箱和存放浴衣拖鞋的地方。卧室里仅有一张搁在地板上的床，仿佛漂浮在这个绿色的晶体之中。

1　酒店部分入口

2　酒店接待处

3.4　室外墨绿色的金属细柱与玻璃肋

5　卧室

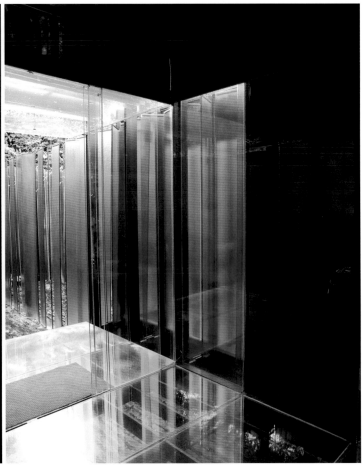

这里的一切设施都是特殊设计定制的，甚至每个开关和按钮。绿漆的金属马桶，造型略方，同样材质的薄片金属坐圈和马桶盖，一个内嵌的硕大金属钮，用力拉出，一冲水吸力极大，感觉像是监狱里才会用的很"硬核"的钢铁马桶；而洗手台完全看不到水龙头，同样金属的水槽，底部是一个左高右低的斜面，人靠近的时候，水流会产生感应水平运动，从这样的洗脸池汲水，倒真像是在河流或小溪中汲水似的。淋浴是从屋顶的蓬头出水，两颗半透明磨砂亚克力材质的旋钮，淋浴的地面满布着黑色的小石子，上面总是漫着薄薄的一层水；泡澡的恒温池落下去到花园地面的高度，水面却与和淋浴处的薄水面平齐，俨然两块平铺的镜面，把花园的风景引了进来。

视觉效果上，"居亭"的几种不同材质都统一在深浅不一的绿色调子里，绝大多数材料为一致的竖向性线条，玻璃的反射和折射把眼前的景观切割成无数块面，重重叠叠，虚实难辨，有种奇妙的幻觉。这种幻觉并非是那种令人沉溺的迷幻感，而是澄净丰富的，

让人产生一种对于自然中树木花石和建筑材料色泽肌理细微之处的聚焦式察觉，以及对于自己的知觉正在发生作用的察觉。

室外的风景肌理映射进室内，虽在室内，却不断行进穿越于室外的景观中；花园里，"苔痕上阶绿，草色入帘青"，蕨类植物傍生在金属柱丛林边，苔藓从刻有沟槽的火山岩硬地缝隙中钻出，虽在室外，却是由人造构筑物围合封闭的内向性的视觉，形成一种在内犹在外、在外犹在内的特殊感觉。

这里肉体和知觉上略带清奇感的刺激，一切是适度的，这种舒适并非是肉体上的舒服，和对于感官的放纵。它甚至有略微的不舒服，像中国古典起居里坐硬木家具、枕瓷枕的感觉，都带有使人精神明觉的效果。总之，初到"居亭"，是一个新奇感和惊喜感不断爆裂的过程。感觉建筑师是带着天真之眼，带着自由和赤忱的来回应场地和项目的需求，创造了具有让人神智清明的精神奢侈空间，同时在一个小巧的空间里提供了丰富细腻的空间体验。

```
1 2   3 4 5
      6 7 8
```

1.2   不同材质间的迷幻对比

3   花园之间的玻璃肋

4.5.7.8   淋浴、泡温泉处的细部

6   作者潘岩与 Les Cols 主人的合影

夜寐 & 晨浴 Les Cols

当天傍晚，我们按计划去了离这里不远的 Cadaques 小镇，那个启发过达利、毕加索、米罗和杜尚等一大批艺术家的海边白色小镇。从 Cadaques 小镇回到 Les Cols，夜已黑透。这次感觉像是回到自己在乡下的一处住所，熟悉而日常——穿过无人值守的空黝老屋，拨开弹簧小栅栏，又一路踩着细碎的石子，脚底摩擦石子的窸窣声衬得周遭甚是安静。

打开房门，房间的颜色即夜色，靠近花园的露台地板上摆着几支点燃的蜡烛，烛火摇曳。显然，酒店的工作人员已经为我们的房间开过床了，床上摆着一枝素雅的植物枝条和一些介绍资料。没有电视，没有任何娱乐设备，房间里甚至没有可以用来看书的足够强的光线，床就纯然地漂浮在这一片幽暗之中。在这幽玄静谧的夜里入睡，似乎是许多年都没有过的了。

清晨起来，第一件事便是淋浴泡温泉，这是 Les Cols Pavillions 体验的顶点。淋浴处铺设的黑色石子踩上去略微有些硌脚，一方

面有按摩的作用，另一方面也使人不能在此长时间淋浴。简单的冲淋后，下到泡澡的恒温池，池底同样铺满了黑色圆润的小石头，但水的浮力把人托在水中，脚底若有若无的碰触着石子，刚才那些坚硬的质地，倒变成了温滑可人的特性。身体与水、石之间的触感让自然元素触觉化了，花园里的树木和天空倒映在水里，人宛若浸泡在一池风景中。水汽薰蒸之中，身体和建筑以及周围的自然环境有一种融合的感觉，而此时看到的风景是有温度、有人的呼吸气息的。人作为体验建筑和自然的媒介，鲜明地存在着，这种同时体验到身体和意识清晰存在的感觉非常特别。

泡完温泉，筋骨舒透，神清气爽，我们又开始仔仔细细地欣赏观察花园。一个"居亭"的花园地面实际上是通长完整的一块，在空间上被两个建筑开间分成四个花园，前两个是可以进入的，转动花园之间的玻璃肋的方向可以创造出容一人通过的开口，彼此可以联通，后部的两个花园空间只能观赏。此外，花园里还有一些有微小得几乎注意不

到的喷淋装置定时喷水，硬地火山岩沟槽的花园里始终保持着湿润，滋养着苔藓的生长，保持着勃勃生机。

退房的时候，前台值守的是一位优雅的女士，一边帮我们退房，一边问我们入住体验如何。我们当然赞不绝口，也趁机向她询问当天要去 RCR 其他建筑探访的信息。女士听闻我们是专程来看建筑的，转身从房间里拿来了一张地图和一打细长的明信片——地图是 RCR 事务所印制的 RCR 在 Olot 及周边地区建筑项目的分布示意图，明信片印制的是 RCR 项目的水彩手绘草图，然后告诉我们建筑师就是她的朋友。原来她就是 Les Cols 的主人！我们赶忙激动地跟她握手道谢，感谢她让这么棒的建筑作品在现实中成为可能！因为自身的建筑实践经验让我们深知，一个项目能够有如此特殊的运行设定（programme），并在实际体验和运行水平达到如此高的水准，同业主的品味、观念意识和审美水平也有很密切的关系。我们愉快的交谈后，她特意和我们合了影，还向我们赠送了一本 RCR 的作品专辑。

探访 Les Cols 宴会厅

当天上午，我们探访了 RCR 在 Olot 的几个其他建筑设计项目。到了预定的午餐时间，又赶忙驱车奔回 Les Cols 餐厅。这一次，工作人员热情友好地接待了我们，表示先帮我们备餐，我们可以自己去宴会厅那里参观拍照，然后再回来就餐。我们沿着餐厅的金色长厅走到外面的花园，17 世纪的老建筑在阳光下熠熠生辉，一派经典的古典田园景象。按照工作人员的指示，穿过一段石墙绿篱隐蔽的小径，往 Les Cols 宴会厅方向走去。

从小径走到开阔地，毫无征兆地，一个大跨度的低平悬索结构无柱空间出现在我们眼前！其间穿插着许多树木，带着像是空降到这片场地上似的未来感和轻盈感，从造型到姿态，都和之前看到的古老石屋改造而成的餐厅形成巨大的反差。乍看上去，像是无数极长的钢管轻轻地搭在两侧石头垒砌的台地上，形成了这样神来之笔的空间。

走进细看，钢管其实是不承重的薄壁钢管，是悬索结构的保护套，同时也用来藏水管、电管和灯光带这些功能性的管线，既有表现主义的成分，也有力地放大了结构的力学美感。这样的处理没有机械的结构表现至上，而是更多地遵循形本身的动势，遵从了形的内在表达逻辑，同时在结构表现上也是一种巧妙的间接表达，没有虚张声势的夸张，在形式表现的需求和结构逻辑的表达之间达到了很好的平衡。

这个开敞大空间中的竖向分割材料是透明塑料卷材，这种我们生活中常见的廉价材料，用在这里并不觉得低档，反而有一种优雅的洁净感和光感，配合透明的亚克力家具，感觉这个建筑简直是用光和空气的体块搭建的。进入宴会亭的厨房，则像从光的空间进入了石的空间，整个空间仿佛是在一块巨大的水泥石料中凿取的开口和岩洞，围绕着玻璃天井，整齐划一几何排布的金属材质为主的厨房设施更加强了那种高技感和洞穴原始感的反差。

Les Cols 中的形式感，体现在逐步推进渐进的空间感受中，从始至终是一个渐入佳境的过程。具有抽象性的景观与对于材料具象的感知细节相结合，产生一种即立足于当下又有所抽离的强烈精神性。

在这个项目中，可以看到 RCR 在建筑上一些非常独到的处理方式，对于新建筑与场地、原有建筑、景观、当地的乡土性和空间体验营造几方面的关系都有崭新的思维和细致的考量，而这些出发点不同的考量又在设计中互相融合，彼此助益。

首先，Les Cols 有一种当地乡村的"土"感和极度精神化的现代主义设计感的奇妙共存，而这种共存似乎不需要解释，也不需要弥合，就是自在坦然的并置，让人称奇也欣然接受。与此同时，对于现存建筑尤其是历史建筑，RCR 的处理非常节制，并不刻意做很多设计去改变原有空间的调性，而是最大限度地保留了现存建筑的原有形

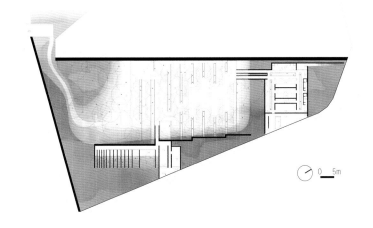

0 —— 5m

态，同时将这种旧有的空间体验，编码进整体的建筑体验中，让这种传统性和乡土感，成为一系列变化跌宕的空间体验中有机而必不可少的一部分。

Les Cols 显然是一个空间体验先行的设计，特定功能在体验性空间的实现没有成为设计的桎梏，却成了形式创新的契机。作为一个餐饮加住宿的项目，对空间有很强功能性要求，但 RCR 并没有遵循这些功能空间已经发展非常成熟的程式化范式，而是从每一个功能最根本的需要出发设计，这里所有功能性的实现，都是创造性的：从功能简化氛围玄秘的接待空间，到居住空间里每一个按钮、每一个开关的启动方式和触感，在知觉层面上都有清奇的错位感，让人耳目一新，精神为之一振，从而警觉到自己所处环境的精微之处，并警觉到自己的知觉运作。

在 Les Cols 项目中，RCR 对于自然的态度和处理手法是非常有启发性的。这里的

自然，并非是绝对的自然或宏大显著的自然景观，而是像一丛蕨类植物、一块苔藓、屋顶的雨滴、温泉里的火山岩石子这样非纯粹人工造物这样的微观自然。同时，在 Les Cols 的建筑语言里有一种强烈的对于自然元素的抽象拟态，令建筑和自然环境产生一种微妙的融合。Les cols 并非是单纯地提供景框去观看自然风景，其景观或者图像是一种被建筑打碎、融合再生成的景观，这点在 RCR 重点设计的"居亭"和宴会厅部分尤其突出。

此外，RCR 在材料使用上的精确性也令人称道。设计团队对于物质材料对于何种知觉或精神体验的触发，创造什么样的氛围，非常的敏感和精通。如导向不同氛围空间的地面材质铺装从始至终都有逻辑清晰的界定和变化，建筑整体的色彩并不繁多复杂，但在统一的色调下，界面的肌理和质感却有非常丰富的变化和差异。以建筑师同行的专业知识和经验来审视他们的设计逻辑，几乎没

有疏漏和主动放弃的地方，每一个空间之间的起承转合、每一处的细枝末节处都考虑到了，这是非常不容易的。

Contemporary architecture as it should be（当代建筑应该有的样子）——这是离开 Les Cols 当天，我发在微信朋友圈一组 Les Cols 照片时写的注解。当出名、传媒导向、大产业、全球化，把建筑学扭曲得面目全非，当许多建筑师不再是坚守专业创新同时高效的服务于委托人，而是奔着媒体、展览，奔着凭几张漂亮照片就给的奖项做建筑，当业主在委托时首先想到的是能借谁的名字去宣传，于是名气盖过了对于建筑的思考，对于一张好图片的努力超过了对于实际空间的经营，对于一个适合宣传、很酷的名字的揣摩超过了对于建筑真实本质的创新，媒体学、图片学、语文、都替代了建筑学，让建筑学无处容身。而 RCR 的实践和努力，让我们的关注回归到真正的建筑学本体。END

大咖云集，共话"木材与设计未来"

第22届美国阔叶木外销委员会东南亚及大中华区年会将于6月22日至23日在山东青岛威斯汀酒店举行，本次年会由美国阔叶木外销委员会主办，得到山东省家具协会、山东省装饰协会、青岛木材行业协会、上海木材行业协会和中国室内设计师协会的全力支持。将有超过400名代表、40多家美国阔叶木外销委员会的会员公司、中国领先的木材贸易商和木制品制造商，以及知名的设计师齐聚青岛，就"木材与生态"、"木材与经济"、"木材与设计"等多个话题展开深度讨论。SOM中国区总监周学望先生和AA Corporation Ltd销售和市场总监亚伦·勒里先生将分享设计作品。届时将开设迷你贸易展，深度与当地贸易经销商、制造商等进行交流。

中国室内设计周落户上海

上海打造设计之都又有新举措。国际顶级设计大师云集、被誉为中国室内设计"风向标"的中国室内设计周今年将正式落户上海。这是继去年与国际室内建筑师设计师团体联盟签署《IFI（上海）设计宣言》后的又一动作。由联合国教科文组织"创意城市"（上海）推进工作办公室、中国室内装饰协会共同主办的"2017中国室内设计周暨上海国际室内设计节"将于2017年9月11日~15日在沪举行。

2017年，中国室内设计周将由北京移师上海，与上海国际室内设计节合并举办。今年设计周的主题为"设计民主·共融共享"，大力倡导设计服务人民大众、设计提升相关产业、设计造福人与自然。

设计周将共设包括国际论坛、颁奖盛世、国际会议、国际展览、行业交流、全民互动六大板块活动。本次设计周不单是设计师和设计成果的展示与交流，更是一场与普通百姓生活息息相关的设计嘉年华。设计周期间，预计覆盖场次达100多场，联动店铺品牌1300多个。

来威漆在沪举行"欧风精品写意生活"品牌发布盛典

阿克苏诺贝尔旗下欧洲高端涂料品牌来威漆于5月19日在上海举行"欧风精品，写意生活"品牌发布盛典。活动特别营造出欧洲皇室园林风格的花园，搭配欧洲街角复古的咖啡店和小提琴的弦乐，让每位莅临现场的嘉宾在沉浸式的"复古庄园"中，感受"来威式"纯欧优雅品味慢生活。

当天，阿克苏诺贝尔中国区总裁、中国与北亚区装饰漆业务部董事总经理林良琦博士、阿克苏诺贝尔中国及北亚区装饰漆业务部市场总监霍筱泰先生、阿克苏诺贝尔装饰漆中国区零售业务销售总监李海波先生、著名室内设计师连自成先生和梁靖先生等嘉宾受邀出席。会上，阿克苏诺贝尔中国区总裁林良琦博士宣布来威进驻中国高端涂料市场，以高标准的产品体系引领高端涂料的可持续发展，为中国消费者提供多元的涂料选择方案的同时，助力阿克苏诺贝尔集团在华高速发展。

据介绍，来威漆的渠道布局将主要面向由家装公司及家装设计师为核心的专业市场领域，通过强化与上述人群的深度合作来打造其精品化渠道战略，实现精准营销，真正拥抱消费升级时代下的新思路、新思维，构建阿克苏诺贝尔全品类涂料生态圈。

"伊东丰雄：曲水流思"展览开幕

"伊东丰雄：曲水流思"展于2017年4月22日在上海当代艺术博物馆（PSA）开幕。本次展览是普利兹克获奖建筑师伊东丰雄的全球首次回顾展，展出了其工作室自1971年成立以来所有重要作品。"曲水流思"，源自中国传统文化中的"曲水流觞"，在伊东看来，古代文人通过曲水流觞饮酒赋诗，是一种具有文化性的游戏。他希望可以通过此方式将自己46年职业生涯中作品之间的关系及创作中不断摸索的状态呈现给观众。展览从2017年4月22日至7月23日，在PSA七楼的10号展厅呈现。

"水之灵"德国高仪摄影大赛颁奖典礼成功举办

2017年6月1日，由德国高仪携手艺术家王小慧联合举办的"水之灵"摄影巡回展开幕式于上海泛海艺术空间成功举办。著名跨界艺术家王小慧女士、高仪全球设计副总裁Michael Seum在现场与其他几位评委一起就本次摄影大赛探讨了对水艺术与水设计的理解。

德国高仪的品牌理念"舒适畅享水生活"，希望唤醒人们对水的关注与感悟，在身体与心灵的双重旅程中，发现水的美好，体验水的乐趣，提高生活的品质，享受水的艺术。因此，艺术家王小慧与高仪品牌自然而然地走到一起，共同来推广水艺术与水生活。据主办方介绍，水之灵摄影展还将有为期四个月的全国巡回展出，此次德国高仪与艺术结缘，正是呼吁大众用艺术的角度理解水，探寻水的魅力。

今年3月29日，《水之灵·高仪摄影作品巡回展》正式启动，号召公众通过摄影的方式重新发现水之美。本次展出作品均由王小慧教授、包豪斯大学艺术与设计学院院长Prof. Wolfgang Sattler、上海歌德学院院长Marina May（梅丽娜）同济大学设计创意学院院长娄永琪教授，与高仪全球设计副总裁Michael Seum组成的国际评审团投票评选选出，十名获奖者还将于9月份受邀飞赴德国参加著名的包豪斯大学的艺术交流之旅。包豪斯大学艺术与设计学院院长Prof. Wolfgang Sattler对此次活动给予了极高的评价："水是生命之源，是生活中必不可少的部分，非常高兴看到中国的艺术家和企业能够携手，向公众展现不一样的水，不一样的生活之美。"

明日世界设计中心开启原创金属家具艺术之旅

2017年4月，明日世界设计中心于2017年上海国际酒店及商业空间工程与设计展中开启了成立以来的展会首秀。这座4500m²的专业软装设计定制C2F平台自诞生之初，就受到了设计界的瞩目。展会联手台湾知名设计师黄书恒和潘功先生，经数月精心设计和制造，重磅推出全新系列金属家具产品，并以"明日空间美学"为题，诚邀知名设计师赵睿与潘功、黄书恒先生一道，共话空间美学。三位大师各抒己见，表达自己对未来设计的展望，与在场的百位听众们分享了优秀的设计理念。论坛中，由设计家主编许晓东对外宣布启动"明日世界杯"首届家具设计大赛，总奖金高达100万元人民币，

THE 23RD CHINA [BEIJING] INTERNATIONAL WALLPAPERS / WALLCLOTHS / CURTAIN AND SOFT DECORATIONS EXPOSITION

2017 年 08 月 14-16 日

14th–16th, August, 2017

第二十四届中国[上海]墙纸/墙布/窗帘暨家居软装饰展览会

上海·新国际博览中心
Shanghai New International Expo Center

NO. OF EXHIBITORS	SHOW AREA
参展企业 / **1500** 余家	展览面积 / **100,000** 平方米
NO. OF BOOTHS	**NO. OF VISITORS (2016)**
展位数量 / **6,000** 余个	上届观众 / **250,000** 人次

Contact information / 筹展联络

北京中装华港建筑科技展览有限公司 China B & D Exhibition Co.,Ltd.

Address / 地址：Rm.388,4F,Hall 1,CIEC, No.6 East Beisanhuan Road,Beijing

北京市朝阳区北三环东路 6 号中国国际展览中心一号馆四层 388 室

Tel / 电话：+86(0)10-84600906/ 0911 Fax / 传真：+86(0)10-84600910

E-mail / 邮箱：zhanlan0906@sina.com

2017
CHINA
INTERIOR
DESIGN
AWARDS

2017
第十九届
中国室内
设计大奖赛

以负责的态度来做设计，
以负责的态度来评选优秀者。
创建于1998年
的中国室内设计大奖赛，
以学术性、
包容性著称，
是中国具有影响力
的赛事之一。

截稿日期
2016.8.15

大奖赛

你对设计的执着，需要这座奖杯的见证！

专注 学术 坚持 执着